高等学校机电工程类系列教材

机电一体化系统设计

主　编　倪晓梅　信苗苗
副主编　厉相宝　孔贝贝　曹　凤
　　　　王　廷　王新超
参　编　葛荣雨　魏佳佳　王　玲
　　　　李　茹
主　审　李国平

西安电子科技大学出版社

内 容 简 介

本书在论述机电一体化系统分析方法和设计步骤的基础上,重点介绍了目前在机械系统、检测系统、执行装置及伺服系统、控制系统设计中常用的技术。全书共6章,每章都与实际生产相结合,体现了本书理论和实践结合的特色,最后给出两个机电一体化系统设计实例以供参考。

本书兼顾课堂教学及课后自学的需要,每章都配有适量的习题,可加深读者对机电一体化概念的理解并进一步检验学习的效果。

本书可作为普通高等学校机械、机械电子工程及相近专业的教材,也可供有关工程技术人员参考。

图书在版编目(CIP)数据

机电一体化系统设计/倪晓梅,信苗苗主编. —西安:西安电子科技大学出版社,2022.9

ISBN 978 - 7 - 5606 - 6624 - 2

Ⅰ.①机… Ⅱ.①倪…②信… Ⅲ.①机电一体化—系统设计
Ⅳ.①TH - 39

中国版本图书馆 CIP 数据核字(2022)第 154088 号

策　　划　明政珠
责任编辑　买永莲
出版发行　西安电子科技大学出版社(西安市太白南路2号)
电　　话　(029)88202421　88201467　　邮　　编　710071
网　　址　www.xduph.com　　　　　　电子邮箱　xdupfxb001@163.com
经　　销　新华书店
印刷单位　广东虎彩云印刷有限公司
版　　次　2022年9月第1版　2022年9月第1次印刷
开　　本　787毫米×1092毫米　1/16　印张10.25
字　　数　237千字
印　　数　1~1000册
定　　价　32.00元
ISBN 978 - 7 - 5606 - 6624 - 2/TH
XDUP 6926001 - 1

＊＊＊如有印装问题可调换＊＊＊

前　言

　　机电一体化是在社会需求的引导下，由多学科、多技术领域交叉应用而形成的新兴技术。机电一体化产品遍布航空航天到日常办公等多个领域，极大地推动了各领域的技术发展。机电一体化技术在发展的同时，也受到了政府、企业和研究人员的广泛重视，20 世纪 80 年代末至 90 年代初，高等院校就逐渐开设了机电一体化系列课程，"机电一体化系统设计"也成为机械工程专业的必修课程之一。

　　由于机电一体化系统构成较复杂，因此本书内容涉及面较广，包含了机械设计、控制系统设计和检测系统设计等"机"和"电"的内容。又因为一些章节有相对应的专门课程，因此本书重点介绍电子技术和信息技术等新技术在机电产品（设备、系统）上的综合应用研究，而不是技术本身的研究。本书以较少的篇幅介绍技术基础理论，省略了一些推导过程，而注重阐述这些理论的内在含义和应用。

　　本书共 6 章，第 1 章介绍机电一体化技术和系统的基本概念，重点阐述机电一体化系统的功能结构和技术构成，以帮助读者建立机电一体化的整体概念；第 2 章介绍机械系统设计，针对机电一体化机械部分的要求，阐述机械传动和支承的设计，以及精密机械的精度设计和误差分配方法；第 3 章介绍检测系统设计，主要介绍各类传感器及其信号预处理电路，以及信息输入的检测接口设计；第 4 章介绍执行装置及伺服电动机，重点讲解伺服系统中的执行器及其应用方法；第 5 章介绍控制系统及接口设计，重点阐述以单片机为核心的控制系统设计；第 6 章给出了机电一体化系统设计的两个实例。

　　本书由齐鲁理工学院的倪晓梅、信苗苗担任主编，齐鲁理工学院的厉相宝、曹凤、孔贝贝、王廷和临沂科技职业学院的王新超担任副主编，济南大学的葛荣雨以及福州理工学院的魏佳佳、齐鲁理工学院的李茹、王玲参与了编写。倪晓梅编写了第 1 章和第 3 章，信苗苗编写了第 2 章，王新超、厉相宝、曹凤共同编写了第 4 章，孔贝贝、王廷、葛荣雨共同编写了第 5 章，魏佳佳、李茹、王玲共同编写了第 6 章。济南大学李国平作为本书的主审，对书稿提出了很多有益的意见和建议，在此表示感谢。

　　由于编者水平有限，疏漏之处在所难免，敬请广大读者批评指正。

　　编者邮箱：893734435@qq.com

编　者

2022 年 5 月

目　录

第 1 章　绪　　论

1.1　机电一体化技术

本节主要介绍机电一体化技术的概念、机电一体化技术的发展历程、机电一体化的相关技术、机电一体化技术的发展趋势等，这些内容是分析和设计机电一体化系统的基础。

1.1.1　概念

机电一体化又称机械电子工程，是机械工程与自动化的一种，英语称为 Mechatronics，是由英文 Mechanics（机械学）的前半部分与 Electronics（电子学）的后半部分组合而成的。机电一体化的概念最早出现在 1971 年日本杂志《机械设计》的副刊上。随着机电一体化技术的快速发展，机电一体化的概念被人们广泛接受和普遍应用。随着计算机技术的迅猛发展和广泛应用，机电一体化技术获得了前所未有的发展。现在的机电一体化技术是机械和微电子技术紧密结合的一门技术。

机电一体化技术是将机械技术、电工电子技术、微电子技术、信息技术、传感器技术、接口技术、信号变换技术等多种技术有机结合起来，并综合应用到实际中的综合技术，现代化的自动生产设备几乎可以说都是机电一体化的设备。

1.1.2　机电一体化技术的发展历程

机电一体化技术的发展经历了以下几个阶段。

1. 萌芽阶段

20 世纪 60 年代前为机电一体化技术的"萌芽阶段"。这一阶段，工程师们自觉或者不自觉地把机械产品和电子技术相结合，以提高机械产品的性能。但是由于电子技术的发展相对落后，机械与电子的结合没有得到广泛的应用。

2. 蓬勃发展阶段

20 世纪 70 年代到 80 年代为机电一体化技术的"蓬勃发展阶段"。这一阶段，计算机技术、控制技术、通信技术的发展，为机电一体化的发展奠定了技术基础。这个时期的特点如下：

（1）机电一体化技术和产品得到了极大发展。

（2）各国均开始对机电一体化技术和产品给以极大的关注和支持。

3. 智能化阶段

自 20 世纪 90 年代后期开始进入机电一体化技术的"智能化阶段"，这一阶段的特点如下：

（1）光学、通信技术等融入机电一体化，微细加工技术也在机电一体化中崭露头角，出现了光机电一体化和微机电一体化等新的分支。

（2）对机电一体化系统的建模设计、分析和集成方法，以及机电一体化的学科体系和发展趋势都有了深入的研究。

（4）人工智能技术、神经网络技术及光纤技术等领域取得的巨大进步，为机电一体化技术开辟了广阔的发展空间。

1.1.3　机电一体化的相关技术

机电一体化所涉及的内容与技术非常广泛，要深入进行机电一体化研究及产品开发，就必须了解并掌握相关的关键技术，这些关键技术包括机械技术、检测传感技术、信息处理技术、自动控制技术、伺服驱动技术、系统总体技术等。

1. 机械技术

机械技术是机电一体化的基础。机电一体化机械产品与传统机械产品的区别在于，机械结构更简单、机械功能更强和性能更优越。现代机械要求具有更新颖的结构、更小的体机、更轻的重量，还要求精度更高、刚度更大、动态性能更好。为了满足这些要求，在设计和制造机械系统时，除了考虑静态、动态的刚度及热变形的问题外，还应考虑采用新型复合材料和新型结构以及新型的制造工艺和工艺装置。

从机械产品设计的角度来讲，可开展可靠性设计及普及该项技术的应用，加强对机电产品基础元件的失效分析研究，并在提高元器件可靠性水平的同时，开展对整机系统可靠性的研究。机电一体化产品的设计从静强度设计到动强度设计，也可采用损伤容限设计、动力优化设计、摩擦学设计、防蚀设计、低噪声设计等。

2. 检测传感技术

传感与检测技术是与传感器及信号检测装置相关的技术。在机电一体化产品中，传感器就像人体的感觉器官一样，将各种内、外部信息通过相应的信号检测装置感知并反馈给控制及信息处理装置。因此传感与检测是实现自动控制的关键环节。机电一体化要求传感器能快速、精确地获取信息并能经受各种严酷环境的考验。

检测传感技术的内容，一是研究如何将各种物理量如位置、位移、速度、加速度、力、温度、压力、流量、成分等转换成与之成比例的电量；二是研究对转换的电信号的加工处理，如放大、补偿、标度变换等。

3. 信息处理技术

信息处理技术包括信息的交换、存取、运算、判断和决策等。信息处理大都是依靠计算机来进行的，因此计算机技术与信息处理技术是密切相关的。计算机技术包括计算机硬件技术和软件技术、网络与通信技术、数据库技术等。在机电一体化产品中，计算机与信息处理装置指挥整个产品的运行，信息处理是否正确、及时，直接影响产品的质量和工作的效率。因此，计算机应用及信息处理技术已成为促进机电一体化技术和产品发展的最活跃的因素。提高信息处理的速度、可靠性以及加强其智能化都是信息处理技术今后发展的方向。人工智能、专家系统、神经网络技术等都属于信息处理技术的范畴。

4. 自动控制技术

自动控制技术用于实现机电一体化系统目标的最佳化。自动控制所依据的理论和基础是自动控制原理，它可分为经典控制理论和现代控制理论。经典控制理论主要研究单输入—单输出、线性定常系统的分析和设计问题。现代控制理论主要研究具有高性能、高精度的多变量系统的最优控制问题。自动控制技术还包括在控制理论指导下，对具体控制系统的设计、控制系统的仿真和现场调试等。由于控制对象种类繁多，所以自动控制技术的内容极其丰富，机电一体化系统中自动控制技术主要包括位置控制、速度控制、最优控制、模糊控制、自适应控制等。由于微型机的广泛应用，自动控制技术越来越多地与计算机控制技术联系在一起，成为机电一体化中十分重要的关键性技术。

5. 伺服传动技术

伺服传动技术就是在控制指令的指挥下，控制驱动元件，使机械的运动部件按照指令的要求进行运动，并具有良好的动态性能；伺服传动系统中所采用的驱动技术与所使用的执行元件有关。伺服传动系统按执行元件不同，可分为液压伺服系统和电气伺服系统两类。液压伺服系统工作稳定、响应速度快、输出力矩大，特别是在低速运行时的性能优点更为突出；但需要增加液压动力源，设备复杂、体积大、维修费用大，还存在污染环境等缺点。因此，液压伺服系统仅用在一些大型设备和有特殊需要的场合。在大部分场合都采用电气伺服系统。电气伺服系统采用电动机作为伺服驱动元件，具有控制灵活、费用较小、可靠性高等优点，但低速时输出力矩不够大。近年来电机技术和电力电子技术的进步，促进了电气伺服系统的发展。

6. 系统总体技术

系统总体技术是以整体的概念来组织应用各种相关技术的一种技术，即从全局角度和系统目标出发，将系统分解成若干功能子系统，对于每个子系统的技术方案都是首先从实现整个系统技术协调的角度来考虑的，而对于子系统与子系统之间的矛盾或子系统和系统整体之间的矛盾则要从总体协调的需要来选择解决方案。机电一体化系统是一个技术综合体，是利用系统总体技术将各种有关技术协调配合、综合运用而达到整体系统的最佳化的。

1.1.4　机电一体化技术的发展趋势

科学技术的进步、社会的发展，对机电一体化技术提出了许多新的、更高的要求，出现了具有更高柔性和自适应性的机电一体化系统。国内外机电一体化正朝着智能化、模块化、网络化、微型化、系统化及绿色设计的方向发展，各种技术相互融合的趋势也越来越明显。以机械技术、微电子技术、计算机技术的有机结合为主体的机电一体化技术是机械工业发展的必然趋势，机电一体化技术的发展前景也将越来越广阔。

1. 智能化

智能化是 21 世纪机电一体化技术发展的一个重要方向。人工智能在机电一体化建设者的研究中日益得到重视，如机器人与数控机床的智能化应用。这里所说的"智能化"是对机器行为的描述，是在控制理论的基础上，吸收人工智能、运筹学、计算机科学、模糊数学、心理学、生理学和混沌动力学等新思想、新方法，模拟人类智能，使机器具有判断推理、逻辑思维、自主决策等能力，以求达到更高的控制目标。

2. 模块化

由于机电一体化产品种类和生产厂家繁多，因此研制和开发具有标准机械接口、电气接口、动力接口、环境接口的机电一体化产品单元是一件十分复杂但又是非常重要的事。这需要制定各项标准，以便各部件、单元匹配和连接。由于利益冲突，近期还很难制定出这方面的国际或国内标准，但可以通过组建一些大企业逐渐形成这类标准。显然，从电气产品的标准化、系列化带来的好处可以肯定，无论是生产标准机电一体化单元的企业，还是生产机电一体化产品的企业，模块化都将带来美好的前程。

3. 网络化

随着网络的普及，基于网络的各种远程控制和监视技术方兴未艾，而远程控制的终端设备本身就是机电一体化产品，因此机电一体化产品也在朝着网络化的方向发展。

4. 微型化

微型化指的是机电一体化向微型机器和微观领域发展的趋势。国外称这种微型化机电一体化系统为微电子机械系统（MEMS），泛指几何尺寸不超过 $1\ cm^3$ 的机电一体化产品，并且其机械尺寸还在向微米、纳米量级发展。微机电一体化产品体积小、耗能少、运动灵活，在生物医疗、军事、信息等方面具有不可比拟的优势。微机电一体化发展的瓶颈在于微机械技术。微机电一体化产品的加工采用精细加工技术，即超精密技术，包括光刻技术和蚀刻技术两类。

5. 系统化

系统化的表现特征之一是系统体系结构进一步采用开放式和模式化的总线结构，系统可以灵活组态，进行任意剪裁和组合，同时寻求实现多子系统协调控制和综合管理；表现特征之二是通信功能的大大加强。

6. 绿色设计

工业的发展给人们生活带来了巨大变化。一方面，物质丰富，生活舒适；另一方面，资源减少，生态环境受到严重污染。于是，人们呼吁保护环境资源，回归自然。绿色产品概念在这种呼声下应运而生，产品绿色化是时代的趋势。绿色产品在其设计、制造、使用和销毁的生命过程中，符合特定的环境保护和人类健康的要求，对生态环境无害或危害极小，资源利用率极高。因此绿色设计的机电一体化产品具有远大的发展前途。机电一体化产品绿色化主要是指使用时不污染生态环境，报废后能回收利用。

1.2　机电一体化系统概述

本节介绍机电一体化系统的功能组成、机电一体化系统的分类与应用等，这些内容是掌握机电一体化系统功能、分类及应用的基础。

1.2.1　机电一体化系统的功能组成

机电一体化系统（或产品）是由若干具有特定功能的机械和微电子要素组成的系统。该系统能够满足人们要求的功能（目的功能）。根据不同的使用目的，人们要求系统能对输入的物质、能量和信息（即工业三大要素）进行某种处理，输出所需的物质、能量和信息。因此，系统必须具有以下三大"目的功能"：变化（加工、处理）功能，传递（移动、输送）功能，储存（保持、积蓄、记录）功能，如图 1-1 所示。

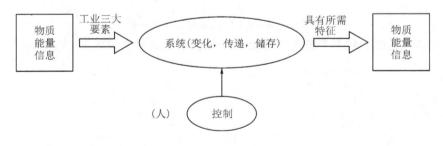

图 1-1　机电一体化系统的目的功能

机电一体化系统有以物料搬运、加工为主的系统，这类系统输入物质（原料、毛坯等）、能量（电能、液能、气能等）和信息（操作及控制指令等），经过加工处理后，输出位置和形态发生改变的物质。例如，各种金属切削机床、交通运输机械、食品加工机械、起重机械、纺织机械、轻工机械等均属此类。

还有以能量转换为主的系统，这类系统输入能量（或物质）和信息，而输出不同形式的能量（或物质），这类系统又称为动力机。其中输出机械能的为原动机，如电动机、水轮机、内燃机等。

也有以信息处理为主的系统，输入信息和能量，而主要输出某种信息（如数据、图像、文字、声音等）。这种系统包括各种仪器、仪表、电子计算机、传真机以及办公设备等。

不管哪类系统，都必须具备图 1-2 所示的五大功能，即主功能、动力功能、检测功能、控制功能、构造功能。其中，主功能是实现系统目的功能直接且必需的功能，主要对物质、能量、信息或其相互结合进行变换、传递和存储。动力功能是向系统提供动力，让系统得以运转的功能。检测功能和控制功能的作用是根据系统内部信息和外部信息对整个系统进行控制，使系统正常运转，从而实现目的功能。构造功能的作用是使构造系统的子系统及元、部件维持所设置的时间和空间上的相互关系。系统的输入/输出，除包括主功能的输入/输出之外，还有动力输入和控制信息的输入/输出，以及因外部环境引起的干扰输入和非目的性输出（如废弃物等）。

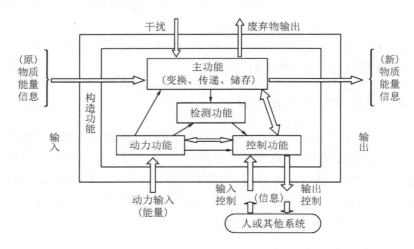

图 1-2 机电一体化系统的五大功能

机电一体化系统必须具备的五大功能及其相应的五大要素如图 1-3 所示。

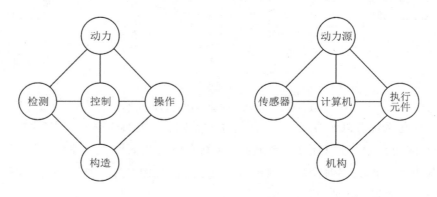

图 1-3 机电一体化系统的五大功能与要素

以 CNC 机床为例的机电一体化系统的功能原理构成如图 1-4 所示。此图常用于研究分析机电一体化系统的工作原理。由于未指明主功能的加工机构，所以它代表了一大类具有相同主功能及控制功能的机电一体化系统，如金属切削数控机床、电加工数控机床、激光数控加工机床以及冲压加工数控机床等。但是，由于主功能的具体加工机构不同，其他功能的具体装置也会有差别，而其本质都是数控加工机床。

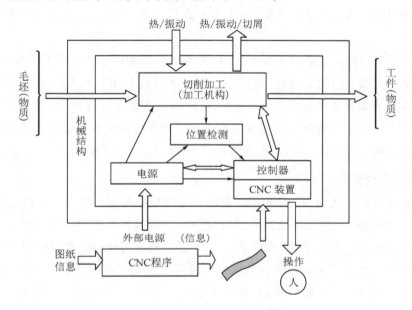

图 1-4　数控加工机床功能原理构成

1.2.2　机电一体化系统的分类与应用

目前普遍认为机电一体化可以分为生产过程的机电一体化和机电产品的机电一体化两大类。

1. 生产过程的机电一体化

生产过程的机电一体化意味着工业生产体系的机电一体化，如机械制造过程的机电一体化、化工生产过程的机电一体化、冶金生产过程的机电一体化、纺织与印染生产过程的机电一体化、电子产品生产过程的机电一体化、排版与印刷过程的机电一体化等。

生产过程的机电一体化又可根据生产过程的特点（如生产设备和生产工艺是否连续），划分为离散制造过程的机电一体化和连续生产过程的机电一体化。前者以机械制造业为代表，后者以化工生产流程为代表。

生产过程的机电一体化主要包括产品设计、加工、装配、检验的自动化和经营管理的自动化等。其主要涉及以下几个方面：

（1）计算机辅助设计。这主要是指计算机和相关软件应用于产品设计的全过程。

（2）计算机辅助工艺设计。这主要是指在计算机系统的支持下，根据产品设计要求，选择加工方法、确定加工顺序、分配加工设备等整个生产加工工艺过程。

（3）计算机辅助制造。从广义上来说，CAM 是指在机械制造过程中，利用计算机，通过各种设备，如机器人、加工中心、数控机床、传送装置等，自动完成产品的加工、装配、检测和包装等制造过程，同时也包括计算机辅助工艺过程设计 CAPP 和 NC 编程。

（4）柔性制造系统。该系统主要由计算机、数控机床、机器人、自动化仓库、自动搬运小车等组成。

（5）计算机集成制造系统（CIMS）。该系统是计算机辅助生产管理与 CAD/CAM 及车间自动化设备的集成。所谓车间自动化设备，是指 FMS、FMC、数控机床、数控加工中心、机器人等一系列自动化生产设备。换言之，CIMS 就是在柔性制造技术、信息技术和系统科学的基础上，将制造工厂经营活动所需的各种自动化系统有机地集成起来，使其能适应市场多品种、小批量、高效益、高柔性的智能生产系统要求。

2. 机电产品的机电一体化

当传统机电产品引入电子、计算机、自动控制等新技术后，就可能形成新一代的机电一体化产品，也就是说，带有微处理器的机电产品才可以称为机电一体化产品。机电一体化产品又可分为机械产品电子化（取代设计）和产品机电一体化（融合设计）两种形式。

其中的机械产品电子化是指原有的机械产品采用了电子等相关技术之后，其性能和功能都有了很大的提高，甚至在原理、结构上也发生了变化，部分原理、结构被电子相关技术所替代。这类产品为数不少，又可细分成：

（1）机械本身的主要功能被电子取代，如激光雕铣机采用激光连续加工的方法代替了传统方式的金属切削加工；数码照相机的电子曝光、对焦方式代替了机械式曝光和对焦等。

（2）机械式信息处理机构被电子元器件代替，如电子钟表、电子计算器、电子交换机等。

（3）机械传动与控制机构被电子电路代替，如缝纫机的凸轮机构被伺服电动机等代替，加热炉中的机械顺序控制方式被 PLC 或单片机程序替代。

（4）采用了微电子技术，增加了系统和产品功能，如数控机床、汽车防滑制动装置、微机控制的电机调速装置、微机控制的播种机、微机控制的联合收割机、微机控制的孵化器等。

1.3　机电一体化系统的设计

1.3.1　机电一体化系统设计内容

机电一体化是一门涉及光、机、电、液等技术的综合技术，是一项系统工程。机电一体化系统设计是按照机电一体化的思想、方法进行的设计，需要综合应用各项关键技术才能完成。机电一体化系统的总体设计要求从整体目标出发，综合分析产品的性能要求和机电各组成单元的特性，选择最合理的单元组合方案，使机电一体化产品整体最优。

随着大规模集成电路的出现，机电一体化产品得到了迅速普及和发展，从家用电器到生产设备,从办公自动化设备到军事装备,机与电紧密结合的程度都在迅速增强,形成了一个纵深而广阔的市场。市场的竞争规律要求产品不仅要有高性能,而且要有低价格,这就给产品设计人员提出了越来越高的要求。另一方面,种类繁多、性能各异的集成电路、传感器和新材料等,给机电一体化产品设计人员提供了众多的选择,使设计工作具有更大的灵活性。

一般来讲,机电一体化系统设计应包括下述内容。

1．准备相关技术资料

(1)搜集国内外有关技术资料,包括现有同类产品资料、相关的理论研究成果和先进的技术资料等。通过对这些技术资料的分析比较,了解现有技术发展的水平和趋势。这是确定产品技术构成的主要依据。

(2)了解所设计产品的使用要求,包括功能、性能等方面的要求。此外,还应了解产品的极限工作环境、操作者的技术素质、用户的维修能力等方面的情况。使用要求是确定产品技术指标的主要依据。

(3)了解生产单位的设备条件、工艺手段、生产基础等,作为研究具体结构方案的重要依据,以保证缩短设计和制造周期,降低生产成本,提高产品质量。

2．确定性能指标

性能指标是满足使用要求的技术保证,主要应依据使用要求的具体项目来相应地确定。它受到制造水平和能力的制约。性能指标主要包括以下几项:

(1)功能性指标:包括运动参数、动力参数、尺寸参数、品质指标等实现产品功能所必需的技术指标。

(2)经济性指标:包括成本指标、工艺性指标、标准化指标、美学指标等关系到产品能否进入市场并成为商品的技术指标。

(3)安全性指标:包括操作指标、自身保护指标和人员安全指标等保证产品在使用过程中不致因误操作或偶然故障而引起产品损坏或人身事故方面的技术指标。对于自动化程度较高的机电一体化产品,其安全性指标尤为重要。

3．拟定总体方案

(1)方案设计:选择设计原则、设计原理,进行总体方案的初步设计。

(2)系统性能指标分析:依据所掌握的技术资料以及以前的设计经验,分析各项性能指标的重要性及其实现的难易程度,找出设计难点,通过建立模型或通过经验分析判断,选择适当的方法对系统进行定性和定量的分析。

(3)预选系统各环节结构:在性能指标分析的基础上,初步选出多种实现各环节功能并满足性能要求的可行结构方案。

(4)整体评价:选定一个或多个评价指标,对上述选出的多个可行方案进行校核,对评价指标值进行比较,从中选出最优者作为拟定的总体方案。

需要注意的是：机电一体化总体设计的目的是拟定出综合性能最优或较优的总体方案，作为进一步详细设计的纲领和依据。应当指出，总体方案的确定并非是一成不变的，在详细设计结束后，应再对整体性能指标进行复查，如发现问题，应及时修改总体方案。

4. 机电一体化系统总体布局设计与环境设计

（1）总体布局设计的任务是确定系统各主要部件之间相对应的位置关系以及它们之间所需要的相对运动关系。布局设计是一个带有全局性的问题，它对产品的制造和使用都有很大的影响。总体布局设计要满足布局清晰、结构紧凑、统一与变化、功能合理、体现新材料和新工艺等要求。

（2）环境设计包括人—机系统设计和艺术造型设计。

人—机系统设计：把人看成系统中的组成要素，以人为主体来详细分析人和机器系统的关系。其目的是提高人—机系统的整体效能，使人能够舒适、安全、高效地工作。

艺术造型设计：机电产品进入市场后，首先给人以深刻直觉印象的就是其外观造型，先入为主是用户普遍的心理反应。随着科学技术的高速发展和人类文化、生活水平的提高，人们的需求观和价值观也发生了变化，具有艺术造型的机电产品已进入人们的工作、生活领域，艺术造型设计已经成为产品设计的一个重要方面。

1.3.2　机电一体化系统设计方法

机电一体化产品种类繁多，涉及的技术领域及其复杂程度也不同。机电一体化产品设计的现代设计方法与传统设计方法的不同之处在于，现代设计方法是以计算机为辅助手段的。其设计步骤通常是：技术预测→市场需求→信息分析→科学类比→系统设计→创新性设计→因时制宜地选择适应的现代设计方法。现代设计方法包括创新设计、优化设计、有限元法、可靠性设计、虚拟设计、绿色设计等。

设计方法具有时序性和继承性，之所以冠以"现代"二字，是为了强调其科学性和前瞻性，其实有些方法也并非是最新的。图1-5所示为现代设计方法的基本工作流程。该工作流程不是绝对的，只是一个大致的设计路线。现代设计方法继承了传统设计中的某些精华，在各个设计步骤中应考虑传统设计的一般原则，如技术经济分析、造型设计、市场需求、类比原则、冗余原则、经验原则以及三化原则（标准化、系列化、模块化）等。

1. 创新设计

创新是设计的本质，也是设计活动的最终目标，机电一体化产品竞争优势来源于创新设计。机电一体化产品设计通过对机械技术、电子技术、信息技术等相关新技术的有机结合，创造出满足社会需求、具有较强市场竞争能力的机电一体化产品。

常用的创新设计方法很多，如演绎推理创新法、列举分析创新法、检索提示创新法、智力激励创新法、组合创新法、逆向思维创新法等。

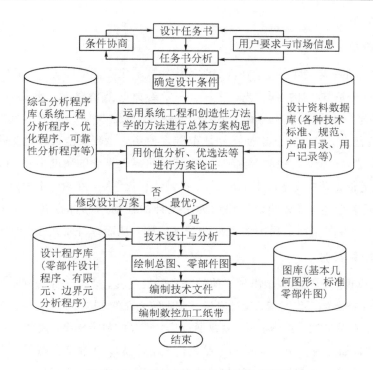

图 1-5　现代设计方法的基本工作流程

2. 优化设计

传统的设计中很早就存在着"选优"的思想。设计人员可以根据需要同时提出几种不同的设计方案，通过分析评价，从中选出较好的方案。这种选优的方案在很大程度上带有经验性，即具有一定的局限性。

目前优化设计方法不仅用于机械结构设计、化工系统设计、电气传动设计，也用于运输路线的确定、商品流通量的调配、产品配方的配比等方面。优化设计理论与方法最大的特点在于把经验的、感性的、类比的传统设计方法转变为科学的、理性的、立足于计算分析的设计方法；特别是近年来，随着有限元、可靠性、计算机辅助设计等理论与技术的发展，整个设计过程逐步向自动化、集成化、智能化方向发展。

3. 有限元法

有限元法是以电子计算机为工具的一种现代数值计算方法。其基本思想是：假想将连续的结构分割成数目有限的小单元体，即有限单元；各单元之间仅在有限个指定结合点处相连接，用组成的单元集合体来近似代替原来的结构；在结点上引入等效结点力，以代替实际作用单元上的动载荷；对每个单元，选择一个简单函数式来近似地表达单元位移分量的分布规律，并按弹性力学中的变分原理建立单元结点力与结点位移（速度、加速度）的关系（质量、阻尼和刚度矩阵），最后把所有单元的这种关系集合起来，就可以得到以结点位移为基本未知量的动力学方程。给定初始条件和边界条件，就可求解动力学方程，从而得到系统的动态特性。

4. 可靠性设计

可靠性是产品在一定的条件下，在规定时间内完成规定功能的能力。这其中的两个规定具有数值的概念，一个是"规定的时间"内，它具有一定寿命的数值概念，不能认为寿命越长越好，必须有一个经济有效的使用寿命；另一个是完成"规定功能的能力"，它具有一定使用功能范围的数值概念，只有在规定使用功能范围内使用，才能安全可靠地工作与运行。

可靠性设计是常规设计方法的深化和发展。它从可靠性概念的角度出发，认为零部件上的载荷和材料性能等都是随机变量，具有离散性、模糊性和灰色性，在数学上通常用分布函数、模糊数学、灰色理论来描述。可靠性设计法认为所设计的任何产品都存在一定的失效可能性，并且可以定量地回答产品在工作中的可靠性程度问题，从而弥补常规设计方法的不足。

5. 虚拟设计与制造

虚拟设计可以理解为实物原型出现之前的产品开发过程。虚拟设计的基本构思是：用计算机来虚拟完成整个产品的开发过程；设计者经过调查研究，在计算机上建立产品模型，并进行各种分析，改进产品设计方案。具体来说，就是通过建立产品的数字模型，用数字化形式来代替传统的实物原型实验(如使用 UGNX 软件对产品进行三维建模)，在数字状态下对产品进行静态和动态性能分析，研究分析新产品的可制造性、可装配性、可维护性、运行适应性以及销售性等。

新产品的数字原型经反复修改确认后，即可开始虚拟制造或3D打印。虚拟制造或称数字化制造，其基本构思是在计算机上验证产品的制造过程。

6. 绿色设计

绿色设计是以环境资源保护为核心概念的设计，要求充分考虑在产品整个寿命周期内把产品的基本属性和环境属性(可拆卸性、可回收性、可维护性、可重复利用性等)紧密结合起来；在进行设计决策时，除了应满足产品的物理目标外，还应满足环境目标，以达到绿色设计的要求。

绿色设计还要求所设计的产品在制造、使用和回收过程中尽量少地消耗能源和资源，不对环境造成污染。

绿色设计要求在整个生命周期内，优先考虑产品环境属性，并将其作为设计目标；在满足环境目标要求的同时，保证产品应有的基本性能、使用寿命、质量等。

习　　题

1-1　简述机电一体化技术研究的重要性。

1-2　简述机电一体化系统的功能组成。

1-3　简述机电一体化系统设计的内容及方法。

第 2 章　机械系统设计

2.1　概　　述

机械系统是机电一体化系统的最基本要素，机电一体化系统的机械系统与一般的机械系统相比，除要求具有较高的定位精度之外，还应具有良好的动态响应特性，也就是说响应要快、稳定性要好。本章内容是分析和设计机械系统的基础。

2.1.1　机械系统概念

机械系统通常包括执行机构、传动机构和支承部件，用于完成规定的动作，传递功率、运动和信息，从而支承和连接相关部件等。机械系统通常是微型计算机控制伺服系统的有机组成部分，因此在进行机械系统设计时，除考虑一般的机械设计要求外，还必须考虑机械结构因素与整个伺服系统的性能参数、电气参数的匹配，以获得良好的伺服性能。

在空间中对机械系统各部分进行综合布局时，需要反复修改、协调，即在初始布局完成后，要按设计流程进行各系统的详细设计，有必要时还需进行布局的调整，这样才能完成设备的总体布局设计。

2.1.2　机电一体化对机械系统的基本要求

为确保机电一体化系统的传动精度、快速响应性和工作稳定性，对机械系统从以下方面提出了要求。

1. 高精度

精度直接影响产品的质量，尤其是机电一体化产品，其技术性能、工艺水平和功能比普通的机械产品都有很大的提高，因此机电一体化机械系统的高精度是其首要的要求。如果机械系统的精度不能满足要求，则无论机电一体化产品其他系统的工作怎样精确，也无法完成其预定的机械操作。

2. 快速响应性

快速响应性要求机械系统从接到指令到开始执行指令指定的任务之间的时间间隔要尽可能地短，这样控制系统才能及时根据机械系统的运行状态信息，下达指令，使其准确地完成任务。

3. 良好的稳定性

良好的稳定性要求机械系统的工作性能不受外界环境的影响，抗干扰能力强。机电一体化系统中的机械结构应满足低摩擦、无间隙、高刚度、高谐振频率、适当的阻尼比等要求。

2.1.3　机械系统的组成

机械系统主要包括传动机构、导向机构和执行机构。

1. 传动机构

机电一体化机械系统中的传动机构要根据伺服控制的要求进行选择设计，以满足整个机械系统良好的伺服性能。因此传动机构除了要满足传动精度的要求，还要满足小型、高速、低噪声和高可靠性的要求。

2. 导向机构

导向机构的作用是支承和导向，为机械系统中各运动装置能安全、准确地完成其特定方向的运动提供保障；设计时需考虑低速爬行现象。

3. 执行机构

执行机构用以完成操作任务，它根据操作指令的要求在动力源的带动下，完成预定的操作。一般要求它具有较高的灵敏度、精确度，良好的重复性和可靠性。

2.2　机　械　传　动

机械传动是最基本的一种传动方式，在完成机械运动的过程中，传动机构、控制机构、伺服电机相互影响、相互作用。传动机构要求精度高、动态响应快、效率高、能耗低、运动平稳、振动小、灵敏度高、噪声低。本节介绍常见的机械传动机构，这些是分析和设计机电一体化机械传动系统的核心内容。

2.2.1　滚珠丝杠传动

滚珠丝杠是一种螺旋传动机构，由具有螺旋槽的丝杠与螺母及两者之间的中间传动原件——滚珠构成。滚珠丝杠机构结构复杂，制造成本高，不能自锁，但其摩擦阻力矩小、传动效率高（92％～98％），精度高，系统刚度好，运动具有可逆性，使用寿命长，因此在机电一体化系统中得到了广泛的应用。

滚珠丝杠传动通过丝杠和螺母之间的滚珠，使丝杠和螺母之间的摩擦由普通丝杠传动的滑动摩擦变为滚动摩擦。图 2-1 所示为一款滚珠丝杠。

1. 滚珠丝杠传动的特点

（1）传动效率高。一般滚珠丝杠副的传动效率可达85%～98%，为滑动丝杠副的2～4倍。这一特性在机械小型化、减少启动后的颤抖和滞后时间，以及节约能源等方面，具有重要意义。

图2-1 滚珠丝杠

（2）运动平稳。滚珠丝杠副在工作过程中摩擦阻力小、灵敏度高，而且摩擦因数几乎与运动速度无关，启动摩擦力矩与运动时的摩擦力矩差别很小，所以滚珠丝杠副运动平稳，启动时无颤动，低速时无爬行。

（3）传动可逆和不自锁。与滑动丝杠副相比，滚珠丝杠副突出的特点是具有运动的可逆性；正传动与逆传动的效率几乎同样高达98%，但没有滑动丝杠副运动的自锁性。因此，在某些机构中，特别是垂直升降机构中使用滚珠丝杠副时，必须附加自锁或制动装置。

（4）能够预紧。施加预紧力可产生过盈，从而消除滚珠丝杠副的间隙，提高轴向接触刚度，而摩擦力矩却增加不大。

（5）定位精度和重复定位精度高。滚珠丝杠副在工作过程中摩擦小、温升小、无爬行、无间隙，并可消除轴向间隙和对丝杠进行预拉伸，以补偿热膨胀，因此能获得较高的定位精度和重复定位精度。

（6）同步性好。用几套相同的滚珠丝杠副同时驱动相同的部件或装置时，由于反应灵敏，无阻滞，无滑移，其启动的同时性、运行中的速度和滑移等都具有精确的一致性，因此其同步性好。

（7）使用寿命长。滚珠丝杠副的摩擦表面具有高硬度（58～62HRC）、高精度，具有较长的工作寿命和精度保持性。一般的滚珠丝杠副的使用寿命比普通的常动丝杠副高4～10倍。

（8）使用可靠，润滑简单，维修方便。与液压传动相比，滚珠丝杠副在正常使用条件下的故障率低，维修保养也极为方便，通常只需进行一般的润滑与防尘。在特殊使用场合，如核反应堆中的滚珠丝杠副，可在无润滑状态下正常工作。

（9）经济性差，成本高。由于结构工艺复杂，故滚珠丝杠的制造成本较高。

2. 滚珠丝杠的结构类型

如图2-2所示，滚珠丝杠由丝杠、螺母、滚珠和回程引导装置（滚珠循环反向装置）四部分组成。丝杠转动时带动滚珠沿螺纹滚道滚动，为防止滚珠从滚道端面掉出，在螺母上装有回程引导装置，构成滚珠的循环通道，使滚珠从通道的一端滚出后，沿着通道进入另一端，重新进入滚道，形成一个闭合回路。滚珠丝杠螺母副分为插管式外循环和反向器式内循环两种类型。

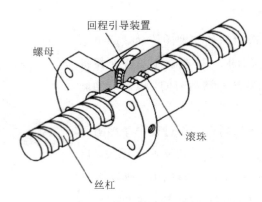

图 2-2　滚珠丝杠的结构

1) 反向器式内循环

滚珠在循环过程中始终与丝杠表面接触的循环称为内循环。如图 2-3 所示，在螺母孔内接通相邻滚道的反向器，引导滚珠越过丝杠的螺纹外径进入相邻滚道，形成一个循环回路。一般在一个螺母上装有 2~4 个均匀分布的反向器，称为 2~4 列。内循环结构回路短、摩擦小、效率高、径向尺寸小，但精度要求高，因为误差对循环的流畅性和传动平稳性有影响。图 2-3 中的反向器为圆形且带凸键，不能浮动，称为固定式反向器。若反向器为圆形，可在孔中浮动，外加弹簧片令反向器压向滚珠，称为浮动式反向器，可以做到无间隙、有预紧，刚度较高，回珠槽进出口自动对接，通道流畅，摩擦性好，但制造成本较高。

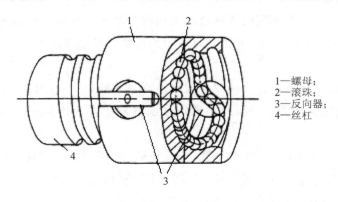

1—螺母；
2—滚珠；
3—反向器；
4—丝杠

图 2-3　内循环

2) 插管式外循环

滚珠在循环过程中有一段会离开丝杠表面的循环称为外循环。图 2-4 所示为插管式外循环。回程引导装置两端插入与螺纹滚道相切的孔内，引导滚珠进出弯管，形成一个循环回路，再用压板将回程引导装置固定；回程引导装置可做成多列，以提高承载能力。采用插管式外循环方式时，滚珠丝杠传动装置结构简单，制造容易，但径向尺寸大，且弯管两端的管舌耐磨性和抗冲击性能差。若在螺母两端加端盖，端盖上开槽引导滚珠沿螺母上的轴向孔返回，则为端盖式外循环，如图 2-5 所示。这种外循环结构紧凑，但滚珠所经接口处要连接光滑，且坡度不能太大。

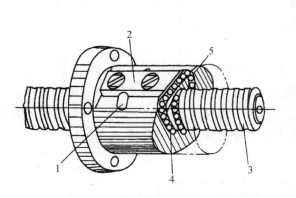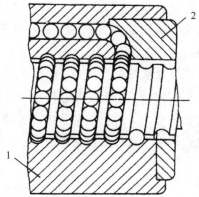

1—回程引导装置；2—压板；3—丝杠；4—滚珠；5—螺纹滚道　　1—螺母；2—端盖

图 2-4　插管式外循环　　　　　　　　　图 2-5　端盖式外循环

3. 预紧方式

滚珠丝杠的传动间隙是轴向间隙。为了保证反向传动精度和轴向刚度，必须消除轴向间隙，通常采用以下几种预紧方式进行消除。

（1）单螺母变位导程预紧：如图 2-6 所示，仅仅是在螺母中部对其导程增加一个预压量 Δ，以达到预紧的目的。

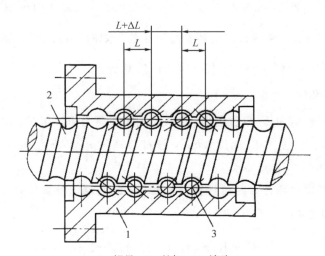

1—螺母；2—丝杠；3—滚珠

图 2-6　单螺母变位导程预紧

（2）单螺母增大钢球直径预紧：为了补偿滚道的间隙，设计时将滚珠的尺寸适当增大，产生预紧力；滚道截面须为双圆弧，预紧力不可太大，结构最简单，但预紧力大小不能调整。为了提高工作性能，可以在承载滚珠之间加入间隔钢球。

（3）双螺母垫片预紧：修磨垫片厚度，从而改变两螺母的轴向距离。根据垫片厚度不同,可分成两种形式的力,当垫片厚度较厚时,产生预拉应力;当垫片厚度较薄时,产生预压应力,以消除轴向间隙。后一种形式下垫片预紧刚度高,但调整不便,不能随时调隙预紧。

(4) 双螺母螺纹预紧:如图 2-7 所示,右端螺母 6 外部有凸台顶在套筒 3 外,左端螺母 8 制有螺纹,并用锁紧螺母 1 和圆螺母 2 锁紧,旋转圆螺母 2 即可消除轴向间隙,并施加一定的预紧力,然后用锁紧螺母 1 锁紧。预紧后螺母 6 和 8 内的滚珠 4 相向受力,从而消除了轴向间隙。其特点是结构简单、工作可靠、调整方便,但不能精确调整。

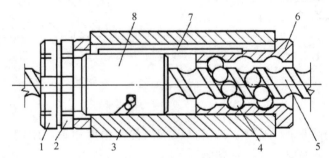

1—锁紧螺母;2—圆螺母;3—套筒;4—滚珠;5—丝杠;6、8—螺母;7—键

图 2-7　双螺母螺纹预紧

(5) 双螺母齿差预紧:两螺母端面分别加工出齿数为 z_1、z_2 的内齿圈,分别与双联齿轮啮合。一般 $z_2 = z_1 + 1$。若两螺母同向各转过一个齿,则两螺母的相对轴向位移为 $\delta = \dfrac{P_h}{z_1 z_2}$($P_h$ 为导程)。这种方法调整精确且方便,但结构较复杂。

4. 滚珠丝杠的设计

设计条件:工作载荷为 F(单位为 N)或平均工作载荷为 F_m(单位为 N),使用寿命为 L_h'(单位为 h);丝杠工作长度为 L(单位为 m),丝杠转速为 n(单位为 rad/min),滚道硬度及滚珠运转根据实际情况而定。

设计步骤:根据设计条件并经过计算,选择合适的滚珠丝杠参数。

(1) 计算额定动载荷 C_a'(单位为 N):

$$C_a' = K_F K_H K_A F_m \sqrt{\frac{nL_a'}{1.67 \times 10^4}} \qquad (2-1)$$

式中:K_F——载荷系数;

K_H——硬度系数;

K_A——精度系数;

F_m——平均工作载荷(单位为 N)。

K_F、K_H、K_A 的具体数据可查阅表 2-1。

表 2-1　滚珠丝杠载荷、硬度、精度系数

载荷系数		硬度系数		精度系数	
载荷性质	K_F	滚道实际硬度 HRC	K_H	精度等级	K_A
		$\geqslant 58$	1.0	C、D	1.0
冲击小，平稳运转	1.0~1.2	55	1.11	E、F	1.1
一般冲击	1.2~1.5	50	1.56	G	1.25
较大冲击振动	1.5~2.5	45	2.4	H	1.43

（2）根据额定动载荷选择滚珠丝杠副的相应参数。

滚珠丝杠副的实际动载荷 $C_a \geqslant C_a'$，查找参数表可选择合适的丝杠副参数，但各生产厂家的规格型号会略有不同。应选择的主要参数有公称直径 D_0、基本导程 P、螺旋升角 ψ、滚珠直径 d_b，可参见表 2-2。

表 2-2　滚珠丝杠副的主要参数尺寸

主要参数	公称直径	基本导程	螺旋升角	滚珠直径
符号	D_0/mm	P/mm	ψ/(°)	d_b/mm
尺寸	30	5	3°2′	3.175
		6	3°39′	3.969
	40	6	2°44′	3.969
		8	3°39′	4.763
	50	6	2°11′	3.969
		8	2°55′	4.763
		10	3°39′	5.953
	60	8	2°26′	4.763
		10	3°2′	5.953
		12	3°39′	7.144
	80	10	2°17′	5.953
		12	2°44′	7.144

螺纹滚道半径为

$$R = (0.52 \sim 0.58) d_b \qquad (2-2)$$

偏心距为

$$e = \left(R - \frac{d_b}{2} \right) \sin\alpha \quad （接触角 \ \alpha = 45°） \qquad (2-3)$$

丝杠内径为

$$d_1 = D_0 + 2e - 2R \tag{2-4}$$

（3）验算稳定性。要求安全系数 S 的取值范围为 2.5～4，丝杠工作最稳定。

$$S = \frac{F_{cr}}{F_m} \tag{2-5}$$

式中：F_{cr}——临界载荷，为

$$F_{cr} = \frac{\pi E I_a}{\mu L}$$

其中，E 是丝杠材料弹性模量（钢：$E = 206$ GPa）；I_a 是丝杠危险截面的轴惯性矩（丝杠：$I_a = \frac{\pi d_b^4}{64}$）；$\mu$ 是长度系数（$\mu = 1\sim2$）。

（4）验算刚度导程的每米的变形量 ΔL，应在规定的滚珠丝杠副导程精度公差范围内。

$$\Delta L = \pm\frac{F}{EA} \pm \frac{PT}{2\pi G J_C} \tag{2-6}$$

式中：A——丝杠截面积（单位为 m²）；

　　　G——丝杠切变模量（钢：$G = 83.3$ GPa）；

　　　T——转矩$\left(\text{单位为 N·m，} T = F_m\dfrac{D_0}{2}\tan(\psi+\rho)\right)$，其中 ρ 为摩擦角；

　　　J_C——丝杠的极惯性矩$\left(\text{单位为 m}^4\text{；丝杠：} J_C = \dfrac{\pi d_1^4}{32}\right)$。

（5）验算效率。

滚珠丝杠副的传动效率为

$$\eta = \frac{\tan\psi}{\tan(\psi+\rho)}$$

一般滚珠丝杠副的 $\eta > 90\%$ 即可。

2.2.2　同步带传动

同步带传动是一种综合了带、链传动优点的传动方式。这种方式中，带的工作面及带轮外周均制成齿形，通过带齿与轮齿作啮合传动；带内有强力层，保持带的节距不变，使主、从动带轮能作无滑差的同步传动。图 2-8 所示为与同步带相啮合的带轮机构。

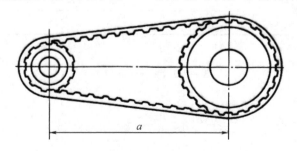

图 2-8　与同步带相啮合的带轮机构

1. 同步带传动的特点

与一般带传动相比,同步带传动具有如下优点:

(1) 无滑动,传动比准确;

(2) 传动效率高,可达 98%,有明显节能效果;

(3) 传动平稳,能吸振,噪声小;

(4) 使用范围广,传递功率可为几瓦到几百千瓦,速度可达 50 m/s,速比可达 10
左右;

(5) 维修保养方便,不需要润滑。

同步带传动的缺点如下:

(1) 安装精度要求高,中心距要求严格;

(2) 带与带轮制造较复杂,成本高。

3. 同步带及带轮的结构

1) 同步带的结构

如图 2-9 所示为同步带的结构,主要由带背、承载绳及带齿等组成。为提高寿命,在
采用氯丁橡胶为基体的同步带中还增设了尼龙包布层 3。

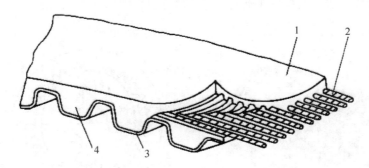

1—带背;　2—承载绳;　3—包布层;　4—带齿

图 2-9　同步带结构

强力层是带的抗拉元件,用来传递力并保证带的节距不变。它多采用有较高抗拉强度、
较小伸长率的材料制造,如钢丝、尼龙、玻璃纤维等。

带齿为啮合元件,带背用来连接带齿、强力层,并在工作中承受弯曲力,故带齿、带背
要求有较好的抗剪切、抗弯曲能力及较高的耐磨性和弹性;目前常用的材料有氯丁橡胶、
聚氨酯等。

在氯丁橡胶制成的同步带的齿面覆盖着一层尼龙包布,以增加带齿的耐磨性及带的抗
拉强度;常用的材料有尼龙帆布、锦纶布等。

2) 带轮的结构

常用的带轮齿形有直边齿形和渐开线齿形两种。对于带轮的齿数,在一定速比下,较

少的带轮齿数可使传动结构紧凑，但齿数过少时，同时啮合的齿数也少，易造成带齿受载过大而断裂，一般要求同时啮合的齿数应大于6。此外，带轮齿数过少，在节距一定时，带轮直径减小，使同步带的弯曲应力增大，过早疲劳断裂。

2.2.3　谐波齿轮传动

谐波齿轮传动的原理是，依靠柔性齿轮(柔轮)所产生的可控制弹性变形波，引起齿间的相对位移来传递动力和运动。柔轮的变形过程是一个基本对称的和谐波，故将该传动称为谐波传动。

1. 谐波齿轮传动的工作原理

谐波齿轮主要由波发生器、柔轮和刚轮组成，如图2-10(a)所示。柔轮具有外齿，刚轮具有内齿，它们的齿形为三角形或渐开线型；其齿距 p 相等，但齿数不同。刚轮的齿数 z_g 比柔轮的齿数 z_r 多。柔轮的轮缘极薄，刚度很小，在未装配前，柔轮是圆形的。由于波发生器的直径比柔轮内圆的直径略大，所以当波发生器装入柔轮的内圆时，就迫使柔轮变形，呈椭圆形。在椭圆长轴的两端(图2-10(b)中 A 点、B 点)，刚轮与柔轮的轮齿完全啮合；而在椭圆短轴的两端(图中2-10(b)C 点、D 点)，两轮的轮齿完全分离；长、短轴之间的齿则处于半啮合状态，即一部分正在啮入，另一部分正在啮出。

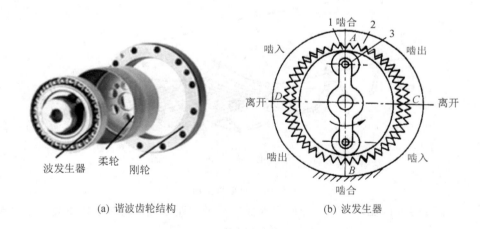

(a) 谐波齿轮结构　　　　　　　　(b) 波发生器

图2-10　谐波齿轮

图2-10(b)所示的波发生器有两个触头，称双波发生器。其刚轮与柔轮的齿数相差为2，周长相差2个齿距的弧长。若采用三波，则齿数差为3。

当波发生器转动时，迫使柔轮长、短轴的方向随之发生变化，柔轮与刚轮上的齿依次进行啮合。柔轮和刚轮在节圆处的啮合过程如同两个纯滚动的圆环，在任一瞬间转过的弧长都必须相等。对于双波传动，由于柔轮比刚轮的节圆周长短了两个齿距弧长，因此柔轮在啮入和啮出的一转中，就必然相对于刚轮在圆周方向错过两个齿距弧长，这样柔轮就相对于刚轮沿着波发生器相反的方向转动。当波发生器逆时针旋转45°时，将迫使柔轮和刚轮相对移动 1/4 个齿距；当波发生器转过 180°时，两者相对位移 1 个齿距。当波发生器连续运转时，柔轮上任何一点的径向变形量 Δ 是随转角 φ 变化的变量。其展开图为一正弦波，如图 2-11 所示。

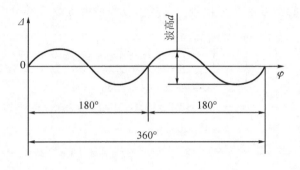

图 2-11　柔轮(双波)变形波波形

谐波齿轮传动正是借助柔轮的这种弹性变形波来实现轮齿间的啮合和相对运动的。波发生器旋转一周的过程中，柔轮每点变形的次数称为波数，以 n 表示。波数等于刚轮与柔轮的齿数差，即

$$n = z_g - z_r$$

2. 谐波齿轮传动比的计算

在谐波齿轮传动中，刚轮、柔轮和波发生器这三个基本构件的任何一个都可作为主动件，而其余两个一个作为从动件，一个作为固定件。因此，单级谐波齿轮传动的传动比可按表 2-3 计算。

表 2-3　单级谐波齿轮传动的传动比

构件			传动比计算公式	功能	输入与输出的方向关系
固定	输入(主动件)	输出(从动件)			
刚轮	波发生器	柔轮	$\dfrac{z_r}{z_g - z_r}$	减速	异向
刚轮	柔轮	波发生器	$\dfrac{z_g - z_r}{z_r}$	增速	异向
柔轮	波发生器	刚轮	$\dfrac{z_g}{z_g - z_r}$	减速	同向
柔轮	刚轮	波发生器	$\dfrac{z_g - z_r}{z_g}$	增速	同向

例如：假设刚轮为固定件，波发生器为主动件(输入)，柔轮为从动件(输出)，若柔轮齿数为 200，刚轮齿数为 202，则传动比为

$$i_{HR} = \frac{z_r}{z_g - z_r} = \frac{200}{202 - 200} = 100$$

3. 谐波齿轮减速器的型号

谐波齿轮减速器的型号由产品代号、规格代号和精度等级三部分组成，例如：

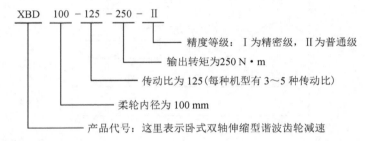

精度等级：Ⅰ为精密级，Ⅱ为普通级

输出转矩为250 N·m

传动比为125(每种机型有3～5种传动比)

柔轮内径为100 mm

产品代号：这里表示卧式双轴伸缩型谐波齿轮减速

4. 谐波齿轮传动的特点

与一般齿轮传动相比，谐波齿轮传动具有如下优点：

（1）传动比大。单级谐波齿轮传动的传动比为50～500，多级和复式谐波齿轮传动的传动比更大，可达30 000以上。单级谐波齿轮不仅用于减速，还可用于增速。

（2）承载能力大。谐波齿轮传动同时啮合的齿数多，可达柔轮或刚轮齿数的30%～40%，因此能承受大的载荷。

（3）传动精度高。由于啮合的齿数较多，因而谐波齿轮的传动误差得到均化；同时，通过调整，齿侧间隙较小，回差较小，因而传动精度高。

（4）可以向密封空间传递运动或动力。柔轮被固定后，既可以作为密封传动装置的壳体，又可以产生弹性变形，即完成错齿运动，从而达到传递运动或动力的目的。因此，它可以用来驱动在高真空、有原子辐射或其他有害介质的空间工作的传动机构。这一点是现有其他传动机构无法比拟的。

（5）传动平稳，基本上无冲击振动。这是由于齿的啮入与啮出按正弦规律变化，无突变载荷和冲击，磨损小，无噪声。

（6）传动效率较高，单级传动的效率一般在92%～96%的范围内。

（7）结构简单、体积小、质量轻。

谐波齿轮传动的缺点如下：

（1）柔轮和波发生器制造复杂，需要专门的设备，成本较高。

（2）传动比下限值较高。

（3）不能做成交叉轴和相交轴的结构。

鉴于谐波齿轮传动的上述优点，所以它在机电一体化系统中得到了广泛的应用，如用于机器人、无线电天线伸缩器、手摇式谐波传动增速发电机、雷达、射电望远镜、卫星通信地面站天线的方位和俯仰传动机构、电子仪器、仪表、精密分度机构、小侧隙和零侧隙传动机构等。

谐波齿轮减速器在国内于 20 世纪六七十年代才开始研制，已有不少厂家专门生产，并形成了系列化产品。它广泛应用于航空、航天、机器人、能源、航海、造船、仿生机械、常用军械、机床、仪表、电子设备、矿山冶金、交通运输、起重机械、石油化工机械、纺织机械、农业机械以及医疗器械等方面；特别是在高动态性能的伺服系统中，谐波齿轮传动更显示出其优越性。

2.2.4　齿轮传动

齿轮传动是指由齿轮副传递运动和动力的装置，它是现代各种设备中应用最为广泛的一种机械传动方式。其传动准确、效率高、结构紧凑、工作可靠、寿命长。图 2-12 所示为典型的圆柱齿轮传动。

图 2-12　圆柱齿轮传动

1. 齿轮传动的特点

在各种形式的传动中，齿轮传动在现代机械中的应用最为广泛，这是因为它有如下特点：

（1）传动精度高。带传动不能保证准确的传动比，链传动也不能实现恒定的瞬时传动比，而现代常用的渐开线齿轮传动的传动比，在理论上是准确、恒定不变的。这不但对精密机械与仪器是关键要求，也是高速重载下减轻动载荷、实现平稳传动的重要条件。

（2）适用范围宽。齿轮传动传递的功率范围极宽，为 0.001 W～60 000 kW；圆周速度可以很低，也可高达 150 m/s，带传动、链传动均难以比拟。

（3）可以实现平行轴、相交轴、交错轴等空间任意两轴间的传动，这也是带传动、链传动做不到的。

（4）工作可靠，使用寿命长。

（5）传动效率较高，一般为 0.94～0.99。

（6）制造和安装要求较高，因而成本也较高。

（7）对环境条件要求较严，除少数低速、低精度的情况以外，一般需要安置在箱罩中防尘防垢，还需要重视润滑。

（8）不适用于相距较远的两轴间的传动。

（9）减振性和抗冲击性不如带传动等柔性传动好。

2. 齿轮传动设计

齿轮传动装置是转矩、转速和转向的变换器，可输入高速、低转矩，输出低速、高转矩，因此也称它为齿轮减速装置。机械传动系统要求的伺服性能之一是响应快，对齿轮传动装置而言，在同样的驱动功率下，要求其加速度响应最大。

用于伺服系统的齿轮传动一般是减速系统，其输入为高速、小转矩，输出是低速、大转矩，用以使负载加速。因此，不但要求齿轮传动系统要有足够的强度和刚度，还要有尽可能小的转动惯量，以便在获得同一加速度时所需转矩小，即在同一驱动功率时，其加速度响应最大。

如图 2-13 所示为传动系统的计算模型，额定转矩为 T_m、转子转动惯量为 J_m 的直流伺服电机，通过减速比为 i 的齿轮减速器，带动转动惯量为 J_L、负载转矩为 T_{LF} 的负载。

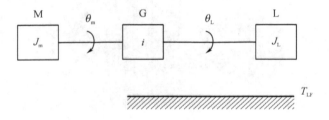

图 2-13　传动系统的计算模型

总传动比确定后，就可根据具体要求在伺服电机与负载之间配置传动机构，以实现转矩、转速的匹配。

从减少传动级数和零件的数量出发，应尽量采用单级齿轮传动，这样结构紧凑，传动精度和效率高。但伺服电机跟负载之间的总传动比一般较大，若一级的传动比过大，就会使整个传动装置的结构尺寸过大，并使小齿轮磨损加剧。虽然各种周转轮系可以满足总传动比的要求且结构紧凑，但由于效率等原因，常用多级圆柱齿轮传动副串联组成齿轮系。

可按以下三种原则之一来确定齿轮副的级数和分配各级传动比。

1）等效转动惯量最小原则

（1）小功率传动装置。

以图 2-14 所示的电机驱动的二级齿轮传动系统为例。假设传动效率为 100%，各主动小齿轮转动惯量相同，轴与轴承的转动惯量不计，各齿轮均为同宽度同材料的实心圆柱体，图中 1、2、3、4 为齿轮。设第一级齿轮传动比为 i_1，第二级的传动比为 i_2。对于由齿轮 1 和齿轮 2 组成的齿轮副，忽略传动能量的损失，由动能守恒定律得

$$\frac{1}{2}J_1'n_1^2 = \frac{1}{2}J_2'n_2^2 \tag{2-7}$$

式中：J_1'——折算到 1 轴的转动惯量；

J_2'——折算到 2 轴的转动惯量；

n_1——1 轴的转速；

n_2——2 轴的转速。

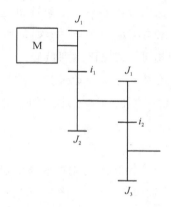

图 2-14　电机驱动的二级齿轮传动系统

由式(2-7)可得折合到 1 轴和 2 轴的转动惯量的关系式：

$$J_2' = \left(\frac{n_1}{n_2}\right)^2 J_1' = i_1^2 J_1' \qquad (2-8)$$

同理，有

$$J_4' = i_2^2 J_3' \qquad (2-9)$$

设 4 个齿轮材料相同、厚度相同，且齿轮 1 和齿轮 3 一样大，则有 $J_3 = J_1$，并且，$J_2 = i_1^4 J_1$，$J_4 = i_3^4 J_3$，因此，等效到电机轴上的总转动惯量 J 为

$$J = J_1 + \frac{J_2}{i_1^2} + \left(J_3 + \frac{J_4}{i_2^2}\right)\frac{1}{i_1^2} = J_1 + i_1^2 J_1 + \frac{J_1}{i_1^2} + \frac{i_2^2}{i_1^2} J_1 \qquad (2-10)$$

式(2-10)已利用转动惯量折合关系式(2-8)和式(2-9)。设总速比为 i，即 $i = i_1 i_2$，则式(2-10)可改写为

$$J = J_1\left(1 + i_1^2 + \frac{1}{i_1^2} + \frac{i^2}{i_1^4}\right) \qquad (2-11)$$

令 $\dfrac{\partial J}{\partial i_1} = 0$，可解得

$$i_1^6 - i_1^2 - 2i^2 = 0$$

即

$$i_1^6 - i_1^2 - 2i_1^2 i_2^2 = 0$$

或

$$i_1^4 - 1 - 2i_2^2 = 0 \qquad (2-12)$$

由式(2-12)可得使转动惯量 J 最小的 i_1 和 i_2 的关系式：

$$i_2 = \sqrt{\frac{i_1^4 - 1}{2}} \qquad (2-13)$$

由于 $i_1 > 1$，式(2-13)可近似为

$$i_2 \approx \frac{i_1^2}{\sqrt{2}} \qquad\qquad (2-14)$$

式(2-12)和式(2-13)即为最佳速比分配条件。该条件也近似适用于多级减速装置。对于多级减速装置，可使相邻各级速比均满足上述条件。如果所有负载折合到电动机轴上的转动惯量与电动机转子的转动惯量相等，则速比达到最佳。

一般来说，齿轮传动的总等效惯量随着传动级数的增加而减小，但传动效率随着传动级数的增加而降低，齿轮和摩擦的来源也随之增加。因此，在设计齿轮系传动部件时，应综合权衡传动级数和传动比的分配。

（2）大功率传动装置。

大功率传动装置传递的转矩大，各级齿轮副的模数、齿宽、直径等参数逐级增加。这时，小功率传动的假设不适用，可通过图 2-15、图 2-16、图 2-17 来确定传动级数及各级传动比。各级传动比的分配原则仍然是"前小后大"。

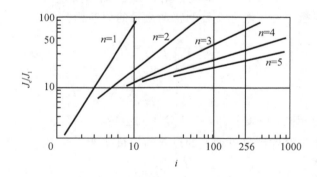

图 2-15　用于大功率传动中确定传动级数的曲线

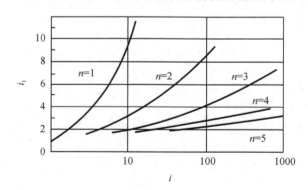

图 2-16　用于大功率传动中确定第一级传动比的曲线

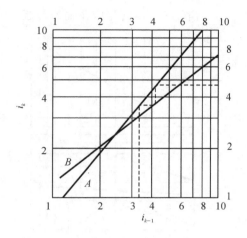

图 2-17　用于大功率传动中确定第一级齿轮以后各级传动比的曲线

2）质量最小原则

（1）小功率传动装置。

以图 2-18 所示的电机驱动的二级传动比分配曲线为例，假定各主动小齿轮的模数、齿数均相同，轴与轴承的质量不计，各齿轮均为实心圆柱体，且齿宽与材料均相同。

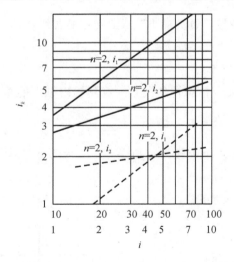

图 2-18　二级传动比分配曲线（$i<10$ 时查图中的虚线）

对于小功率传动装置，按"质量最小"原则来确定传动比时，其各级传动比是相等的。在假设各主动小齿轮模数、齿数均相等的特殊条件下，各大齿轮的分度圆直径均相等，因而每级齿轮副的中心距也相等。

例　设 $n=2$，$i=40$，求各级传动比。

查图 2-18 可得 $i_1=9.1$，$i_2=4.4$。

（2）大功率传动装置。

以图 2-19 所示的电机驱动的二级传动比分配曲线为例，假定各主动小齿轮的模数为

m_1、m_3，分度圆直径为 D_1、D_3，齿宽 b_1、b_3 都与所在轴的转矩 T_1、T_3 的三次方成正比。

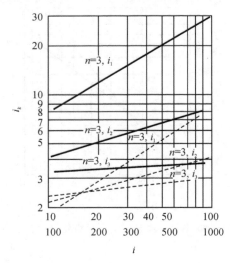

图 2-19　三级传动比分配曲线($i<100$ 时查图中的虚线)

例　设 $n=3$，$i=202$，求各级传动比。

查图 2-19 可得 $i_1=12$，$i_2=5$，$i_3=3.4$。

可见，大功率传动装置按"质量最小"原则确定的各级传动比是逐级递减的，即"前大后小"。

3) 输出轴转角误差最小原则

设齿轮传动系统中各级齿轮的转角误差换算到输出轴上的总转角误差为 $\Delta\phi_{max}$，则

$$\Delta\phi_{max} = \sum_{k=1}^{n} \frac{\Delta\phi_k}{i_{kn}} \tag{2-15}$$

式(2-15)中，$\Delta\phi_k$ 为第 k 个齿轮的转角误差；i_{kn} 为第 k 个齿轮的转轴至 n 级输出轴的传动比。

图 2-20 为四级齿轮传动系统。

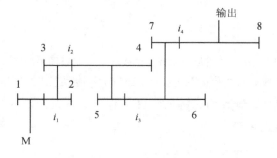

图 2-20　四级齿轮传动系统

设各级齿轮的转角误差分别为 $\Delta\phi_1$，$\Delta\phi_2$，$\Delta\phi_3$，$\cdots$，$\Delta\phi_8$，则换算到末级输出轴上的总输出转角误差为

$$\Delta\phi_{\max} = \frac{\Delta\phi_1}{i} + \frac{\Delta\phi_2 + \Delta\phi_3}{i_2 i_3 i_4} + \frac{\Delta\phi_4 + \Delta\phi_5}{i_3 i_4} + \frac{\Delta\phi_6 + \Delta\phi_7}{i_4} + \Delta\phi_8 \qquad (2-16)$$

由此可知，总转角误差主要取决于最末一级齿轮的转角误差和传动比。

在设计中，为提高齿轮系的传动精度，从电机到负载，各级传动比应按"前小后大"的次序分配，而且要使最末一级传动比尽可能大，同时提高最末一级齿轮副的精度。

另外，应尽量减少传动级数，从而减少零件数量和误差来源。

上述三种原则的选择可遵循以下条件：

（1）对于要求体积小、重量轻的齿轮传动系统，可遵循质量最小原则。

（2）对于要求运动平稳、启动频繁和动态性能要求好的伺服系统的减速齿轮系，可遵循等效转动惯量最小和输出轴转角误差最小的原则。对于变负载的传动齿轮系，各级传动比最好采用不可约的比数，避免同期啮合，以降低噪声和振动。

（3）对于要求提高传动精度和减小回程误差为主的传动齿轮系，可遵循输出轴转角误差最小原则。

（4）对传动比较大的齿轮系，往往需要将定轴轮系和行星轮系巧妙结合为混合轮系。对于相当大的传动比，并且要求传动精度与传动效率高、传动平稳、体积小、重量轻时，可选用新型的谐波齿轮传动。

3. 齿轮副间隙的消除

齿轮传动装置在工作中产生的间隙（主要是齿侧间隙）会影响到它的变向功能，降低传动精度，影响系统稳定性，所以应采取一些措施予以消除。常见的齿轮传动有圆柱齿轮传动、斜齿轮传动、锥齿轮传动、齿轮齿条齿轮传动等，消除它们产生间隙的方法有以下几种。

1）错齿法

错齿法即通过一些中间元件（例如垫片、弹簧）或改进结构使两啮合齿轮错齿，消除齿侧间隙。错齿法常见的有以下两种方法。

（1）垫片调整法。

① 斜齿轮垫片调整法。该方法利用中间元件垫片使两啮合齿轮错齿。如图 2-21 所示，宽齿轮 1 与斜齿轮 2、3 啮合。调节垫片 4 的厚度，使斜齿轮 2 和 3 在轴向分开一段距离，螺旋线错开，消除齿侧间隙。该方法简单，但调整费时，而且齿侧间隙不能补偿。

② 轴向垫片调整法。此方法用于改进两啮合圆柱齿轮结构并利用垫片来调整间隙。如图 2-22 所示，两啮合圆柱齿轮 1、2 改为沿轴线方向齿厚略有锥度，调节垫片 3 的厚度，使齿轮 1 沿轴向移动，两齿轮错位，即消除了齿侧间隙。

（2）弹簧调整法。

① 双片薄齿轮周向弹簧调整法。该方法采用两个薄片圆柱齿轮与一个宽齿轮啮合，一个薄齿轮的左侧齿与另一个薄齿轮的右侧齿分别与宽齿轮的左、右两侧齿槽相贴，在两个薄片齿轮 3 和 4 上分别开有几条周向圆弧槽，在它们的端面上安装弹簧 2 和短柱 1；在弹簧

2 的作用下使 3 和 4 错位来消除齿侧间隙。由于周向圆槽及弹簧尺寸不能太大，所以调整受到限制，如图 2-23 所示。

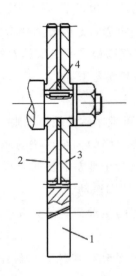 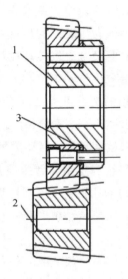

1—宽齿轮；2、3—薄片斜齿轮；4—垫片　　　　1、2—带锥度圆柱齿轮；3—垫片

图 2-21　斜齿轮垫片调整法　　　　　　　图 2-22　轴向垫片调整法

　　② 斜齿轮轴向压簧法。如图 2-24 所示，该方法采用宽齿轮 1 与两个薄片斜齿轮 2、3 啮合，通过弹簧 4 使两个薄片斜齿轮两侧面紧贴在宽齿轮 1 左右两侧面上。弹簧的压力通过螺母调节，齿轮 2、3 通过键 6 套在轴 5 上，使轴向尺寸过大，但调整可以自动补偿。

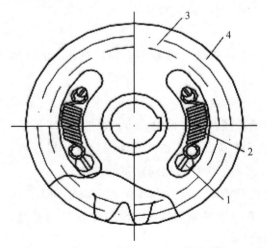

1—短柱；2—弹簧；3、4—薄片齿轮　　　　1—宽齿轮；2、3—薄片齿轮；4—弹簧；5—轴；6—键

图 2-23　双片薄齿轮周向弹簧调整法　　　　图 2-24　斜齿轮轴向压簧调整法

　　③ 斜齿碟形弹簧调整法。如图 2-25 所示，该方法采用宽齿轮 1 与两薄片斜齿轮 2、3 啮合，调节螺母 4，通过垫片 5，使碟形弹簧 6 弹性变形来推动齿轮 3 沿轴向移动，两齿轮

错齿，消除了齿侧间隙。

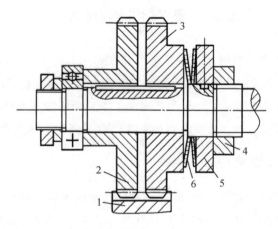

1—宽齿轮；2、3—薄片斜齿轮；4—螺母；5—垫片；6—碟形弹簧

图 2-25　薄片斜齿轮碟形弹簧调整法示意图

此外，错齿法还包括双圆柱薄片齿轮错齿调整法、锥齿轮周向调整法和轴向弹簧调整法等。

2）偏心套法

如图 2-26 所示，该方法采用圆柱齿轮 1 与 2 啮合，齿轮 2 装在电动机 4 的输出轴上，电动机通过偏心套 3 装在壳体 5 上。转动偏心套可以调节径向两啮合齿轮的中心距，进而消除正反转时直齿圆柱齿轮的齿侧间隙及其造成的反转回差。该方法的特点是简单，但齿侧间隙调整后不能自动补偿。

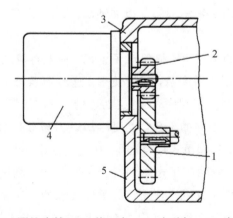

1、2—圆柱齿轮；3—偏心套；4—电动机；5—壳体

图 2-26　偏心轴套式调整法示意图

2.3　支撑部件设计

支撑部件是机电一体化的机械系统中重要的组成部分，机电一体化系统对支撑部件的要求是精度高、刚度大、热变形小、抗振性好、牢靠性高，并且有良好的摩擦特性和结构工艺性。常用的支撑部件主要有轴承、导轨和机身等。本节介绍轴系支撑机构（轴承）、直线运动支承（导轨）、支承件（机身）等，这些内容是掌握机电一体化系统支撑部件的核心内容。

2.3.1　轴系支撑机构（轴承）

轴系支撑机构主要指滚动轴承、动/静压轴承、磁轴承等各种轴承，其作用是支撑作回转运动的轴或丝杠。随着刀具材料和加工自动化的发展，主轴的转速越来越高，变速范围也越来越大，如中型数控机床和加工中心的主轴最高转速可达到 5000～6000 rad/min，甚至更高，调速范围达到 300～400 rad/min。为了达到足够高的磨削速度，内圆磨床磨削小孔的砂轮主轴转速已高达 240 000 rad/min。因此，对轴承的精度、承载能力、刚度、抗振性、寿命、转速等都提出了更高的要求，也逐渐出现了许多新型结构的轴承。

1. 滚动轴承

1）标准滚动轴承

标准滚动轴承的尺寸规格已标准化、系列化，由专门的生产厂家大量生产；使用时，主要根据刚度和转速来选择。如有要求，还应考虑其他因素，如承载能力、抗振性和噪声等。

近年来，为适应各种不同的要求，还开发出了不少新型轴承用于机电一体化系统。下面仅介绍其中的空心圆锥滚子轴承和陶瓷滚动轴承。

（1）空心圆锥滚子轴承。

图 2-27 所示是双列和单列空心圆锥滚子轴承。一般将双列（图 2-27(a)）的用于前支承，单列（图 2-27(b)）的用于后支承，配套使用。这种轴承与一般圆锥滚子轴承的不同之处在于：滚子是中空的，保持架则是整体加工而成的，它与滚子之间没有间隙，工作时润滑油的大部分将被迫通过滚子中间的小孔，以便冷却最不易散热的滚子；润滑油的另一部分则在滚子与滚道之间通过，起润滑作用。此外，中空的滚子还具有一定的弹性变形能力，可吸收一部分振动。双列轴承的两列滚子数目相差一个，使两列的刚度变化频率不同，以抑制振动。单列轴承外圈上的弹簧用作预紧。这两种轴承的外圈都较宽，因此与箱体孔的配合可以松一些，箱体孔的圆度和圆柱度误差对外圈滚道的影响较小。这种轴承用油润滑，故常用于卧式主轴。

（2）陶瓷滚动轴承。

陶瓷滚动轴承的结构与一般滚动轴承的相同。目前常用的陶瓷材料为 Si_3N_4。由于陶瓷热传导率低、不易发热、硬度高、耐磨，在采用油脂润滑的情况下，轴承内径为 25～

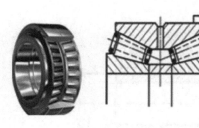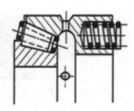

(a) 双列空心圆锥滚子轴承　　　　　　　(b) 单列空心圆锥滚子轴承

图 2-27　空心圆锥滚子轴承

100 mm 时，主轴转速可达 8000～15 000 rad/min；在油雾润滑的情况下，轴承内径为 65～100 mm 时，主轴转速可达 15 000～20 500 rad/min，轴承内径为 40～60 mm 时的主轴转速可达 20 000～30 000 rad/min。陶瓷滚动轴承主要用于中、高速运动主轴的支承。

　　2）非标准滚动轴承

　　当对轴承有特殊要求而又不可能采用标准滚动轴承时，就需根据使用要求自行设计非标准滚动轴承。

　　（1）微型滚动轴承。

　　如图 2-28 所示的微型向心推力轴承，具有杯形外圈，尺寸 $D \geqslant 1.1$ mm，但没有内环，锥形轴颈直接与滚珠接触，由弹簧或螺母调整轴承间隙。

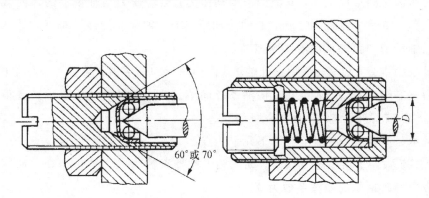

60° 或 70°

图 2-28　微型向心推力轴承

　　当尺寸 $D > 4$ mm 时，可有内环，如图 2-29(a)所示，采用碟形垫圈来消除轴承间隙。图 2-29(b)所示的轴承内环可以与轴一起从外环和滚珠中取出，装拆比较方便。

　　（2）密珠轴承。

　　密珠轴承是一种新型的滚动摩擦支承。它由内、外圈和密集于二者间并具有过盈配合的钢珠组成。它有两种形式，即径向轴承和推力轴承。密珠轴承的内、外滚道和止推面分别是形状简单的外圆柱面、内圆柱面和平面，在滚道间密集地安装有滚珠。滚珠在其尼龙保持架的空隙中以近似于多头螺旋线的形式排列。每个滚珠公转时均沿着自己的滚道滚动而

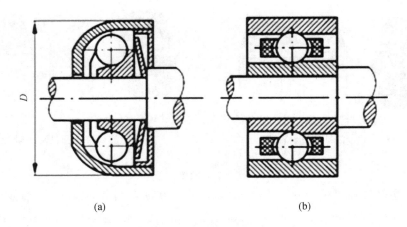

(a)　　　　　　　　　　　　　　(b)

图 2-29　微型滚动轴承

互不干扰，以减少滚道的磨损。密集的滚珠还有助于减小滚珠几何误差对主轴轴线位置的影响，具有误差平均效应，有利于提高主轴精度。滚珠与内、外圈之间保持有 0.005～0.012 mm 的预加过盈量，以消除间隙，增加刚度，提高轴的回转精度。

2. 动压轴承

动压轴承是一种流体动力润滑的闭式滑动轴承。在轴承工作时，带锥形内孔的轴承与轴承衬套工作面之间形成油楔，润滑油产生动压力；当动压力与轴承上的径向载荷相平衡时，锥形轴套与轴承衬套被一层极薄的动压油膜隔开，轴承在液体摩擦状态下工作。人们习惯称动压轴承为油膜轴承或液体摩擦轴承。

动压轴承由锥套、衬套、滚动止推轴承、回转密封和轴端锁紧装置等部分组成；动压轴承油膜压力是靠轴本身旋转产生的，供油系统简单。设计良好的动压轴承具有很长的使用寿命，很多轧机支撑辊上都采用的是动压轴承。

动压轴承与滚动轴承相比，有以下几个特点：

(1) 摩擦系数小。在稳态工作时，动压轴承摩擦系数为 0.001～0.005，而一般青铜轴瓦或巴式合金滑动轴承的摩擦系数为 0.03～0.1。

(2) 承载能力高，对冲击载荷的敏感性小。动压轴承在其投影面积上的最高单位压力可达 $2.2～2.5$ kN/cm²，在相同尺寸下，滚动轴承的承载能力却小得多，且对冲击载荷较敏感。

(3) 适合在高速下工作。在轴颈线速度为 20～30 m/s 的情况下，动压轴承仍能保证较高的轧制精度。

(4) 使用寿命长，轴承工作面的磨损接近于零。在正常使用条件下，动压轴承的寿命可达 10～20 年，而滚动轴承在高速重载下的工作寿命较短。

(5) 体积小，结构紧凑。在承载能力相同时，动压轴承的体积比滚动轴承小，在外形尺寸相同时，其辊颈直径大，轧辊的强度高。

3. 静压轴承

静压轴承是流体摩擦支承的基本类型之一，它是在轴颈与轴承之间充有一定压力的液体或气体，将转轴浮起并承受负荷的一种轴承。按支承承受负荷方向的不同，静压轴承常可分为向心轴承、推力轴承和向心推力轴承三种形式。

1）液体静压轴承

液体静压轴承由静压支承、节流器和供油装置三部分组成。

液体静压轴承与普通滑动和滚动轴承相比，有以下特点：摩擦阻力小、传动效率高、使用寿命长、转速范围广、刚度大、抗振性好、回转精度高；能适应不同负荷、不同转速的大型或中小型机械设备的要求，但需有一套可靠的供油装置，从而增大了设备的空间和重量。

2）气体静压轴承

与液体静压轴承相比，气体静压轴承的主要优点是：气体的内摩擦很小、粘度极低，故摩擦损失极小，不易发热。因此，该轴承适用于要求转速极高和灵敏度要求高的场合；又由于气体理化特性高度稳定，因而可在支承材料许可的高温、深冷、放射性等恶劣环境中正常工作；若采用空气静压轴承，则空气来源十分方便，对环境无污染；循环系统较液体静压轴承简单。气体静压轴承的主要缺点是负荷能力低，支承的加工精度和平衡精度要求高，所供气体清洁度要求较高，需严格过滤。

2.3.2　直线运动支承（导轨）

直线运动支承主要指直线运动导轨副（简称导轨），它的作用是保证所支承的各部件（如工作台、尾座等）的相对位置和运动精度。因此，在机电一体化系统中，对导轨副的基本要求是导向精度高、刚度大、耐磨、运动灵活和平稳。在导轨副（例如工作台和床身导轨）中，运动的一方（如工作台导轨）叫做动导轨，不动的一方（如床身导轨）叫做支承导轨。动导轨相对于支承导轨只能有一个自由度的运动，以保证单一方向的导向性。通常，动导轨相对于支承导轨只能作直线运动或者回转运动。

机电一体化系统中常用的导轨有滑动导轨、滚动导轨和静压导轨。

金属-金属型滑动导轨目前在机电一体化产品中使用较少，因为这种导轨的静摩擦系数大，动-静摩擦系数的差值也大，容易出现低速爬行现象，不能满足伺服系统的快速响应性、运动精度和运动平稳性等要求。

2.3.3　支承件（机身）

支承件（机身）包括床身、立柱、底基（基座）、支架、工作台等，它的特点是尺寸较大，结构复杂，常有较多的加工面和加工孔。其作用是支承和连接一定的零部件，使这些零部件之间保持规定的尺寸和形位公差要求。

机身结构设计应主要从以下几个方面考虑。

1. 保证刚度

为避免床身等支承件在工作时因受力而产生压缩、拉伸、弯曲和扭曲等变形，必须保证其有足够的刚度。在设计时，可通过合理布置肋板和加强肋来提高刚度。其效果较增加壁厚更为显著。肋板按布置形式可分为纵向肋板、横向肋板和斜置肋板三种。

2. 减少热变形

采取以下措施可减少热变形：

（1）减少发热。系统内部发热是产生热变形的主要热源，应当尽量将热源从主机中分离出去。目前大多数数控机床的电动机、变速箱、液压装置以及油箱等都已外置；对不能与主机分离的热源，如主轴轴承、丝杠螺母副等，必须改善其摩擦特性和润滑条件，以减少机床内部发热。

机床加工时所产生的切屑也是一个不可忽视的热源，产生大量切屑的数控机床必须有良好的排屑装置，以便将热量尽快带走；也可在工作台或导轨上装设隔热板，将热量隔离在机床之外。

（2）控制温升。在采取一系列减少热源的措施之后，热变形的情况有所改善，但要完全消除内外热源是十分困难的，所以必须通过良好的散热和冷却来控制温升。其中比较有效的方法是在机床的发热部位进行强制冷却，如采用冷冻机对润滑油强制冷却等。

除采用强制冷却外，也可以在机床低温部分通过加热的方法，使机床各点的温度趋于一致，这样可以减少由于温差而造成的翘曲变形。因此某些数控机床设有加热器，在加工前通过加热来缩短机床预热的时间，提高生产率。

习　　题

2-1　机电一体化系统对机械系统的要求有哪些？

2-2　机电一体化系统中的机械系统由哪些机构组成？对各机构的要求是什么？

2-3　导向机构的作用是什么？

2-4　滚珠丝杠副间隙消除有几种方法？

2-5　已知双波传动中谐波齿轮的柔轮齿数为200，当刚轮固定时欲得到100的减速比，刚轮齿数应为多少？

2-6　消除齿轮副传动间隙的措施主要有哪些？

第 3 章　检测系统设计

检测系统是机电一体化系统的检测部分，它将所检测到的信息传递给控制器，作为控制器的决策依据之一。设计一个准确、快速的检测系统，以满足机电一体化系统的需要十分关键。

本章主要介绍传感器及其信号处理电路。不同的机电一体化产品所检测的量不同，如：数控机床的进给系统检测的是刀具的进给量和进给速度，锻压设备中检测的是液压缸和横梁压力，在一些产品中还需要检测温度。此外，本章还介绍非电量（机械量和其他物理量）转换为电信号的原理和传感器的性能评价指标。

根据机电一体化系统控制器的需要，检测系统可以输出模拟信号和数字信号。本章分别介绍模拟信号和数字信号的处理，以及模拟/数字信号的转换原理。

3.1　概　　述

3.1.1　检测系统的功能和基本构成

检测系统是机电一体化系统中的一个重要组成部分，用于检测有关的外界环境及自身状态及其变化。其输入为各种表征相关状态的物理量，如力、位移、位置、变形、温度、湿度和光度等，输出为电信号，如模拟信号和数字信号。

机电一体化系统中的控制器接收和处理的信号都是 TTL 电平信号，而传感器所采集到的信号有模拟信号和数字信号两种。为了能够将传感器采集的信号和控制器相匹配，根据所采集信号的不同，数据采集通道可以分为模拟信号采集通道和数字信号采集通道。

模拟信号采集通道前端若采用输出信号为模拟信号的传感器（如电阻式、电感式、磁电式、热电式等），当传感器输出的不是电量而是电参量时，需要通过基本转换电路将其转换为电量，再通过相应的放大、调制解调、滤波和运算电路将需要的信号检测出来，传递给信息采集接口电路，进入控制系统并显示，其基本构成如图 3-1 所示。

数字信号采集通道前端若采用数字式传感器（如光栅、磁栅、容栅、感应同步器等），经放大、整形后形成数字脉冲信号，由细分电路进一步提高信号分辨率，脉冲当量转换电路对脉冲信号进一步处理，读出信号并送计数器和寄存器，或直接送控制器并显示，其基本构成如图 3-2 所示。

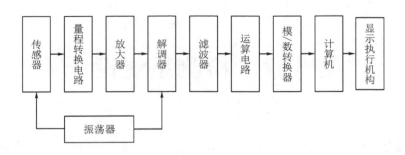

图 3-1　模拟信号采集通道构成

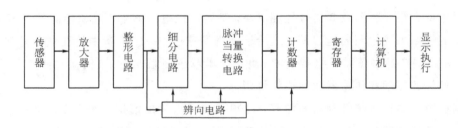

图 3-2　数字信号采集通道构成

3.1.2　检测系统的设计任务和要求

检测系统设计的主要任务是根据使用要求合理选用传感器，并设计或选用相应的信号检测与处理电路，以构成检测系统；对检测系统进行分析和调试，使其在机电一体化产品中实现预期的功能。

机电一体化系统对检测系统在性能方面的基本要求是精度、灵敏度和分辨率高，线性、稳定性和重复性好，抗干扰能力强，静、动态特性好。除此之外，为了适应机电一体化产品的特点并满足机电一体化设计的需要，对传感器及检测系统还提出了一些特殊要求，如体积小、质量轻、价格便宜、便于安装和维修、耐环境性能好等。这些要求也是在进行机电一体化系统设计时选用传感器并设计相应的信号检测系统所应遵循的基本原则。

3.2　机电一体化系统常用的传感器和信号输出类型

传感器在机电一体化产品中是不可缺少的部分，它是整个系统的感觉器官，监视着整个系统的工作过程。在闭环伺服系统中，传感器用作反馈元件，其性能直接影响到工作机械的运动性能、控制精度和智能水平，因而要求传感器灵敏度高、动态特性好，特别要求其性能稳定可靠、抗干扰能力强，能适应不同的环境。目前市场上出售的传感器类型很多，而在机电一体化系统中常用的主要有位移传感器、速度传感器、位置传感器、压力传感器、红外传感器和声音传感器等,下面主要介绍前三种。

3.2.1 位移传感器

位移传感器是一种非常重要的传感器,它直接影响着数控系统的控制进度。位移可以分为直线位移和角位移两种,因此位移传感器也有与其对应的两种形式:直线位移传感器和角位移传感器。直线位移传感器主要有电感传感器、差动变压器传感器、电容传感器、感应同步器和光栅传感器等。角位移传感器主要有电容传感器、旋转变压器和光电编码盘等。电感传感器和电容传感器主要用于小量程和高精度的测量系统。

1. 电感传感器

电感传感器是一种把微小位移变化量转变为电感变化量的位移传感器,它具有结构简单、精度高、性能稳定和工作可靠等优点,在主动量仪和其他自动检测系统中得到了广泛的应用。

对于一个 N 匝并带有磁芯的线圈(见图 3-3),其电感 L 为

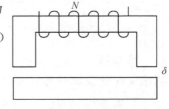

$$L = \frac{N^2 A}{\delta} \mu_0 \qquad (3-1)$$

式中,δ ——两个导磁磁芯之间的气隙厚度;

  A ——磁芯截面积;

  μ_0 ——空气磁导率(单位为 H/m),其值为

$$\mu_0 = 4\pi \times 10^{-7} \qquad (3-2)$$

图 3-3 线圈

因此,可通过改变 δ 来反映电感 L 的变化,并根据这个原理构成气隙型传感器;也可根据截面积变化引起电感 L 变化的原理构成截面型和磁芯型传感器。

磁芯型电感传感器的原理如图 3-4 所示。线圈 1 和 2 对称放置,连成差动形式,其目的是提高灵敏度和线性度,增加抗干扰能力。

由图 3-4 可以看出,当磁芯由测杆带动在由线圈 1、2 组成的管中上、下移动时,必然使线圈 1 和 2 的电感量发生变化,并且当线圈 1 中的电感量增加时,线圈 2 中的电感量减少;反之亦然。为了能把这种变化量反映出来,一般都采用如图 3-5 所示的桥式电路。

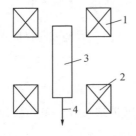

1、2—线圈;3—磁芯;4—测杆

图 3-4 磁芯型电感传感器原理

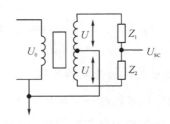

图 3-5 桥式电桥

电桥的四个臂由传感器的两个线圈（阻抗为 Z_1 和 Z_2）及变压器的两个线圈（将次级线圈一分为二）所构成。电桥的输入信号为 U_0（其频率一般为几千赫兹到几万赫兹）。假定次级输出电压为 $2U$，则忽略变压器输出阻抗的情况下，桥路电流为

$$I = \frac{2U}{Z_1 + Z_2} \tag{3-3}$$

输出电压为

$$U_{\text{SC}} = U - IZ_1 = U - \frac{2UZ_1}{Z_1 + Z_2} = \frac{Z_2 - Z_1}{Z_2 + Z_1}U \tag{3-4}$$

从式（3-4）中可以看出：当磁芯处于中间位置，即 $Z_1 = Z_2$ 时，则 $U_{\text{SC}} = 0$，这说明桥路平衡，无输出；当磁芯向下移动时，下面线圈的阻抗增高，则 $Z_2 = Z + \Delta Z$，上面线圈的阻抗减少，即 $Z_1 = Z - \Delta Z$，代入式（3-4）后便可得

$$U_{\text{SC}} = \frac{\Delta Z}{Z}U \tag{3-5}$$

反之，当磁芯向上移动同样距离时，$Z_1 = Z + \Delta Z$，$Z_2 = Z - \Delta Z$，代入式（3-4）后，有

$$U_{\text{SC}} = \frac{-\Delta Z}{Z}U \tag{3-6}$$

比较式（3-5）和式（3-6）可以看出：输出电压 U_{SC} 幅值相等，方向相反。由于 U 是一个幅值变化的交流信号，因此需要解调。

如果采用无相位鉴别的整流器进行解调，则输出电压与位移的关系曲线如图 3-6 所示。图中残余电压是由两线圈中损耗电阻 R_{S} 的不平衡而引起的。因为 R_{S} 与激励信号的频率有关，所以当激励电压中包含有高次谐波时，往往输出端的残余电压会增大。

由于采用这种方法对于正负位移得到的是一个同极性的输出电压，因此不能辨别方向。为了克服上述缺点，一般都需要采用能反映极性的相敏整流法，它的输出特性曲线如图 3-7 所示。

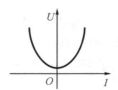
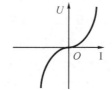

图 3-6　电压与位移关系曲线　　　　　　　图 3-7　电压与位移关系曲线
　　　　　（无相位鉴别）　　　　　　　　　　　　（相敏整流法）

2. 差动变压器传感器

电感传感器是把位移量的变化转变为线圈电感量的变化，差动变压器则是把位移量的变化转变为两个线圈之间的互感变化。

图 3-8 所示为一个三段型差动变压器传感器的原理。线圈分为初级线圈 1 和次级线圈 2、3，线圈中心插入圆柱形铁芯。当初级线圈中加入交流电压 U_0 时，线圈中有交流电流 i_1

流过，便产生磁通 Φ_{12} 通过线圈 2，在线圈 2 中产生感应电势 E_2；另一部分磁通 Φ_{13} 则通过线圈 3，并在线圈 3 中产生感应电势 E_3，分别为

$$E_2 = -\frac{\mathrm{d}\Phi_{12}}{\mathrm{d}t}$$

$$E_3 = -\frac{\mathrm{d}\Phi_{13}}{\mathrm{d}t}$$

假定 M_{12} 和 M_{13} 分别为初级线圈 1 对次级线圈 2 和次级线圈 3 的互感系数，则根据定义有

$$M_{12} = -\frac{\Phi_{12}}{i_1}$$

$$M_{13} = -\frac{\Phi_{13}}{i_1}$$

代入电势 E 的表达式后得

$$E_2 = -M_{12}\frac{\mathrm{d}i_1}{\mathrm{d}t}$$

$$E_3 = -M_{13}\frac{\mathrm{d}i_1}{\mathrm{d}t}$$

通常，传感器的两个次级线圈都是串联的，如图 3-9 中的虚线框所示。

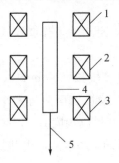

1—初级线圈；2、3—次级线圈；4—铁芯；5—测杆

图 3-8　三段型差动变压器传感器原理

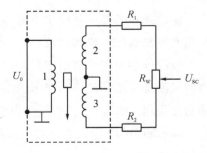

图 3-9　串联线圈

整个电路为桥式，其输出电压为

$$U_{\mathrm{sc}} = U_0 - \frac{U_0 + E_2}{R_1 + R_{\mathrm{w}} + R_2}(R_1 + R_{\mathrm{w1}}) = \frac{(R_2 + R_{\mathrm{w2}})U_0 - (R_1 + R_{\mathrm{w1}})E_2}{R_1 + R_{\mathrm{w}} + R_2}$$

当 $R_2 + R_{\mathrm{w2}} = R_1 + R_{\mathrm{w1}}$ 时，则

$$U_{\mathrm{sc}} = \frac{1}{2}(U_0 - E_2) = \frac{1}{2}(M_{13} - M_{12})\frac{\mathrm{d}i}{\mathrm{d}t} \qquad (3-7)$$

显然，当铁芯在中间位置时，$M_{12} = M_{13}$，于是 $U_{\mathrm{sc}} = 0$；当铁芯向上移动时，$M_{12} > M_{13}$，于是 $U_0 > E_2$，$U_{\mathrm{sc}} \neq 0$；反之，$U_0 < E_2$，$U_{\mathrm{sc}} \neq 0$。U_{sc} 随铁芯偏离中点的距离增大而增大，它是一个调幅正弦信号，可以用与电感传感器中相同的方法来处理。

3. 电容传感器

电容传感器是将被测非电量的变化转换为电容量变化的一种传感器。这种传感器具有结构简单、分辨力高、可实现非接触测量，并能在高温、辐射和强烈振动等恶劣条件下工作的优点，因此在自动检测中得到了普遍应用。

现以平板式电容器为例来说明电容传感器的工作原理。电容器是由两个金属电极板及其中间的一层电介质构成的，当两极板间加上电压时，电极上就会储存电荷，所以电容器实际上是一个储存电场能的元件。平板式电容器在忽略边缘效应时，其电容量可表示为

$$C = \frac{\varepsilon_0 \varepsilon_r A}{\delta} \tag{3-8}$$

式中，ε_0——真空介电常数，为 8.85×10^{-12} F/m；

ε_r——极板间介质的相对介电常数；

A——极板的有效面积（单位为 mm^2）

δ——两极板间的距离（单位为 mm）。

从式（3-8）可知，当其中的 δ、A、ε_r 三个变量中任意一个发生变化时，都会引起电容量的变化，通过测量电路就可转换为电量输出。根据上述工作原理，电容传感器可分为变极距型、变面积型和变介质型三种类型。

4. 感应同步器

感应同步器是一种应用电磁感应原理的高精度检测元件，有直线式和圆盘式两种，分别用来检测直线位移和角位移。

直线式感应同步器由定尺和滑尺两部分组成，定尺较长（200 mm 以上），可根据测量行程的长度选择不同规格），上面刻有节距均匀的绕组；滑尺表面刻有两个绕组，即正弦绕组和余弦绕组，如图 3-10 所示。当余弦绕组与定子绕组相位相同时，正弦绕组与定子绕组错开 1/4 节距（W）。滑尺在通有电流的定尺表面相对运动，产生感应电势。

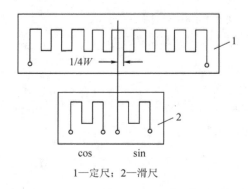

1—定尺；2—滑尺

图 3-10　直线感应同步器

圆盘式感应同步器的转子相当于直线式感应同步器的滑尺，定子相当于定尺。

感应同步器根据其励磁绕组供电电压形式的不同，分为鉴相测量方式和鉴幅测量方式。

5. 光栅传感器

光栅传感器是一种新型的位移检测元件。光栅可分为透射光栅和反射光栅两种。透射光栅的线条刻在透明的光学玻璃上，反射光栅的线条刻在具有强反射能力的金属（一般用不锈钢）板上。光栅传感器用于大量程线位移或 360°内角位移的测量。长光栅的量程常为 1 m 左右，金属光栅的可稍长些，但接长不如感应同步器方便，长光栅刻划也较困难。光栅传感器的测量精度高，长光栅的可达±1 μm，圆光栅的测角可达±1″或更高；它们常用于各种精密机床、坐标测量机、传动链测量仪器及测角仪器等，但是对环境有较高要求，油污、灰尘会影响工作可靠性。玻璃光栅对恒温有较高要求，否则，温度变化会引起较大测量误差。光栅测量系统在一般情况下都是增量式测量系统，即它的测量零位（原点）是任意的。为克服这个缺点，目前通常采用在光栅的测量范围内设置一个固定的绝对零位参考标志——零位光栅，以构成有绝对零位的增量式光栅测量系统。

光栅由主光栅、指示光栅、光源和光电器件四部分组成，如图 3-11 所示。主光栅和指示光栅的光刻密度相同，但体长相差较大。光栅条纹密度一般可为 25 条/mm、50 条/mm、100 条/mm、250 条/mm 等。

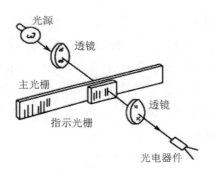

图 3-11　光栅测量原理

把指示光栅平行地放在主光栅侧面，并使它们的刻线相互倾斜一个很小的角度，这时在指示光栅上就出现几条较粗的明暗条纹，称为莫尔条纹（如图 3-12 所示）。它们沿着与光栅条纹几乎成垂直的方向排列，主光栅和被测物体相连，它随被测物体的直位移而产生移动。当主光栅产生位移时，莫尔条纹便随着产生上、下位移。用光电器件记录下莫尔条纹通过某点的数目，便可知道主光栅移动的距离，也就测得了被测物体的位移量。

光栅莫尔条纹起放大作用，用 W 表示条纹宽度，P 表示栅距，θ 表示光栅条纹间的夹角，则

$$W \approx \frac{P}{\theta}$$

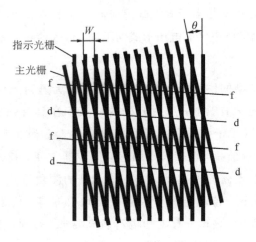

图 3-12　莫尔条纹示意

若 $P=0.01$ mm，把莫尔条纹的宽度调为 10 mm，则放大倍数相当于 1000 倍，即利用光的干涉现象把光栅间距放大了 1000 倍，因而大大减轻了电子线路的难度。

3.2.2　速度、加速度传感器

1. 直流测速机

直流测速机是一种测速元件，实际上就是一台微型的直流发电机。根据定子磁极励磁的方式，直流测速机可分为电磁式和永磁式两种；根据电枢的结构，直流测速机可分为无槽电枢、有槽电枢、空心杯电枢和圆盘电枢等。近年来，又出现了永磁式直流测速机，较为常用。

测速机的结构有多种，但原理基本相同。图 3-13 所示为永磁式直流测速机的原理。恒定磁通由定子产生，当转子在磁场中旋转时，电枢绕组中即产生交变的电势，经换向器和电刷转换成与转子速度成正比的直流电势。

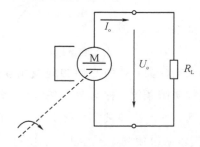

图 3-13　永磁式测速机原理

直流测速机的输出特性曲线如图 3-14 所示。从图中可以看出，当负载电阻 $R_L \rightarrow \infty$ 时，其输出电压 U_o 与转速 n 成正比。随着负载电阻 R_L 的变小，其输出电压下降，而且输出电压与转速之间并不能保持严格的线性关系。由此可见，对于有较高精度要求的直流测速机，除采取其他措施外，负载电阻 R_L 应尽量大。

直流测速机的特点是输出斜率大、线性好，但由于有电刷和换向器，构造和维护比较复杂，摩擦转矩较大。

直流测速机在机电一体化系统中，主要用作测速和校正元件。在使用中，为了提高检测灵敏度，应尽可能地把它直接连接到电动机轴上。应注意的是，有的电动机本身就已安装了测速机。

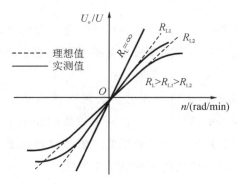

图 3-14　直流测速机的输出特性曲线

2. 光电式转速传感器

光电式转速传感器是一种角位移传感器，由装在被测轴（或与被测轴相连接的输入轴）上的带缝隙圆盘和光源、光电器件和指示缝隙盘组成，如图 3-15 所示。光源发生的光通过带缝隙圆盘和指示缝隙盘照射到光电器件上。当带缝隙圆盘随被测轴转动时，由于圆盘上的缝隙间距与指示缝隙盘的间距相同，因此圆盘每转一周，光电器件就输出与圆盘缝隙数相等的电脉冲，测量单位时间内的脉冲数 N，则可测出转速为

$$n = \frac{60N}{Zt} \tag{3-9}$$

式中，Z——圆盘上的缝隙数；

n——转速（单位：rad/min）；

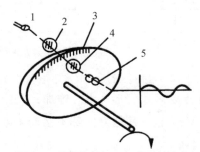

1—光源；2—透镜；3—带缝隙圆盘；4—指示缝隙盘；5—光电器件

图 3-15　光电式转速传感器

T——测量时间（单位：s）。

一般取 $Z=60\times10^m (m=0,1,2,\cdots)$，利用两组缝隙间距 W 相同、位置相差（$\frac{i}{2}+$ $\frac{1}{4}$）W，$i=0,1,2,\cdots$ 的指示缝隙和两个光电器件，则可辨别出圆盘的旋转方向。

3. 加速度传感器

加速度传感器有多种形态，但它们都是利用惯性质量受到加速度影响产生的惯性力的作用而具有的各种物理效应，进一步转换成电量来间接度量被测加速度的。最常用的加速度传感器有应变式、电磁感应式、压电式等。

应变式加速度传感器是通过测试惯性力引起弹性敏感元件的变形，换算出力的关系的；电磁感应式加速度传感器是借助弹性元件在惯性力的作用下，变形位移引起气隙的变化导致的电磁特性；压电式加速度传感器利用的是某些材料在受力变形的状态下产生电的特性的原理。下面介绍压电式传感器的原理及使用方法。

1）压电效应及压电材料

当对某些材料沿某一方向施加压力或拉力时，该材料会产生变形，并在材料的某一相对表面产生符号相反的电荷；当去掉外力后，该材料又重新回到不带电荷的状态。这种现象称为压电效应，具有压电效应的材料称为压电材料。另外，当对压电材料的某一方向施加电场时，压电材料会产生相应的变形，这是压电材料的逆压电效应。

常见的压电材料有单晶体结构的石英晶体和多晶体结构的人造压电陶瓷（如钛酸钡和锆钛酸铅等）。压电材料的压电效应具有方向性，特别是石英晶体（SiO_2）的分子及原子排列结构，使得石英晶体的压电方向是天然确定的。图 3-16 所示为晶体切片在 z 轴方向和 y 轴方向上受压力和拉力时产生电荷的情况。

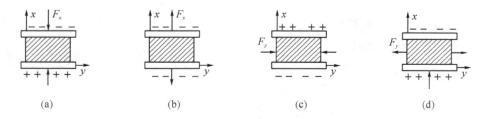

图 3-16　晶体切片受力时产生电荷的方向

实际上，压电材料的压电特性只和变形有关，施加的外力是产生变形的手段。石英晶体产生压电效应的方向只有 x 轴方向，其他方向都不会产生电荷。

2）压电传感器的结构及特性

压电传感器是以电荷或两极的电势作为输出信号。当测试静态信号时，由于任何阻抗的电路都会产生电荷泄漏，因此测量电势的方法误差很大，只能采用测量电荷的方法。当给压电传感器施加交变的外力时，传感器就会输出交变的电动势，信号处理电路相对简单，因此压电传感器适合测试动态信号，且其频率越高越好。

　　压电传感器一般由两片或多片压电晶体黏合而成。由于压电晶片有电荷极性，因此接法上分成并联和串联两种（见图 3-17）。并联接法虽然输出电荷大，但由于本身电容也大，故时间常数大，可以测量变化较慢的信号，并以电荷作为输出参数。串联接法输出电压高，本身电容小，适用于输出电压信号的情形和测量电路输出阻抗很高的情况。

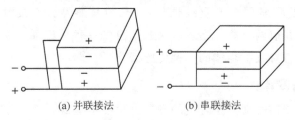

(a) 并联接法　　　　　　　　(b) 串联接法

图 3-17　压电传感器的结构

　　由于压电传感器输出的信号较弱，且以电荷为表现形式，因此测量电路必须进行信号放大。当采用测量电势的方法时，测量电路要配置高阻抗的前置电压放大器和一般放大器，其中高阻抗的前置电压放大器的作用是减缓电流的泄漏速度，一般放大器的作用是将高阻抗输出变为低阻抗输出。当采用测量电荷的方法时，测量电路采用的是放大电荷的原理。目前，压电传感器应用相当普遍，且生产厂家都专门配备有传感器处理电路。

　　3）压电传感器的应用

　　压电传感器可以用在压力和加速度检测、振动检测、超声波探测等方面，还可以应用在拾音器、助听器、点火器等中。

　　压电加速度检测传感器结构如图 3-18 所示。当加速运动时，质量块 1 产生的惯性力加载在压电材料切片 2 上，电荷（或电势）输出端输出压电信号。该压电传感器由两片压电材料切片组成，下面一片的输出引线通过壳体与电极平面相连。使用时，传感器固定在被测物体上，感受该物体的振动，惯性质量块产生惯性力，使压电元件产生变形。压电元件产生的变形和由此产生的电荷与加速度成正比。压电加速度传感器可以做得很小，质量很小，故对被测机构的影响小。压电加速度检测传感器的频率范围广、动态测量范围宽、灵敏度高，应用较为广泛。

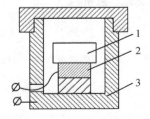

1—质量块；2—压电材料切片；3—固定外壳

图 3-18　压电加速度检测传感器结构

3.2.3　位置传感器

位置传感器和位移传感器不一样，它的任务不是检测一段距离的变化量，而是通过检测，判断检测量是否已到达某一位置。所以，它不需要产生连续变化的模拟量，只需产生能反映某种状态的开关量即可。这种传感器常被用在机床上以进行刀具、工件或工作台的到位检测或行程限制，也经常用在工业机器人上。位置传感器分为接触式和接近式两种。接触式位置传感器是能获取两个物体是否已接触信息的一种传感器；接近式位置传感器是用来判别某一范围内是否有某一物体的一种传感器。

1. 接触式位置传感器

接触式位置传感器用微动开关之类的触电器材便可构成，它分为以下两种：

（1）由微动开关制成的位置传感器：用于检测物体的位置，有如图 3-19 所示的几种构造和分布形式。

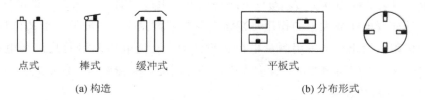

点式　　棒式　　缓冲式　　　　　　平板式

(a) 构造　　　　　　　　　　　(b) 分布形式

图 3-19　微动开关制成的位置传感器

（2）二维矩阵式配置的位置传感器：如图 3-20 所示，它一般用于机器人手掌内侧，在手掌内侧常安装有多个二维触觉传感器，用以检测自身与某一物件的接触位置、被握物体的中心位置和倾斜度，甚至还可识别物体的大小和形状。

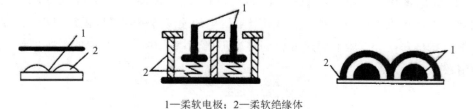

1—柔软电极；2—柔软绝缘体

图 3-20　二维矩阵式配置的位置传感器

2. 接近式位置传感器

接近式位置传感器分为电磁式、光电式、静电容式、气压式、超声波式等几种。

这几种传感器的基本工作原理如图 3-21 所示。在此以最常用的电磁式接近位置传感器为例，介绍其工作原理。当一个永久磁铁或一个通有高频电流的线圈接近一铁磁体时，它们的磁力线分布将发生变化，此时可以用另一组线圈来检测这种变化。当铁磁体靠近或远离磁场时，它所引起的磁通量变化将在线圈中感应出一个电流脉冲，其幅值正比于磁通的变化率。

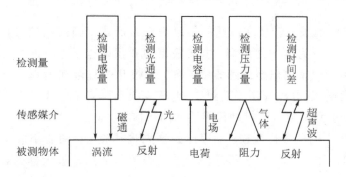

图 3-21　接近式位置传感器的工作原理

图 3-22 所示为线圈两端的电压随铁磁体进入磁场的速度而变化的曲线，其电压极性取决于物体进入磁场还是离开磁场。因此，对此电压进行积分便可得出一个二值信号。当积分值小于某一特定的阈值时，积分器输出为低电平；反之，则输出高电平，此时表示已接近某一物体。

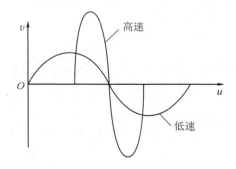

图 3-22　电压-速度曲线

显然，电磁式接近位置传感器只能检测电磁材料，对其他非电磁材料则无能为力。而电容式接近位置传感器却能克服以上缺点，它几乎能检测所有的固体和液体材料。电容式接近位置传感器是一个以电极为检测端的静电电容式接近开关，由高频振荡电路、检波电路、放大电路、整形电路及输出电路组成。平时，检测电极与大地之间存在着一定的电容量，检测电极成为振荡电路的一个组成部分。当被检测物体接近检测电极时，由于检测电极加有电压，检测物体就会受到静电感应而产生极化现象。被测物体越靠近检测电极，检测电极上的电荷越多，由于检测电极的静电电容 $C=q/U$，所以电荷增多，电容 C 随之增大，从而振荡电路的振荡减弱，甚至停止振荡。振荡电路的振荡与停振两种状态被检测电路转换为开关信号后向外输出，由此即可判断被检测物体的相对位置。

此外，现在使用较多的还有光电式位置传感器，与前面介绍的几种传感器相比，这种传感器具有体积小、可靠性高、检测位置精度高、响应速度快，易与 TTL 及 CMOS 电路兼容等优点。它有透光型和反射型两种。

3.3 传感器前期信号处理

传感器所感知、检测、转换和传递的信息表现为形式不同的电信号，按传感器输出电信号的参量形式，可分为电压输出型、电流输出型和频率输出型。其中以电压输出型为最多。在电流输出型和频率输出型传感器中，除了少数几个直接利用其电流或频率来输出信号外，大多数采用电流-电压变换器或频率-电压变换器，从而将其转换成电压输出型传感器。因此，本节重点介绍电压输出型传感器的前期信号处理。

由于传感器输出的信号往往较弱，因此必须先将其放大。随着集成运算放大器性能的不断完善和价格的不断下降，传感器的信号放大采用集成运算放大器的越来越多。由于一般运算放大器的原理和特点已在电子技术课程中介绍过，因此这里不再叙述。这里主要介绍几种典型的传感器前期信号处理电路。

3.3.1 信号放大器

信号放大电路简称放大器，用于将传感器或经基本转换电路输出的微弱信号不失真地加以放大，以便于进一步的加工和处理。

1. 同相电压放大器

同相电压放大器电路如图 3-23 所示。同相电压放大器的增益为

$$K_f = \frac{u_o}{u_i} = 1 + \frac{R_f}{R}$$

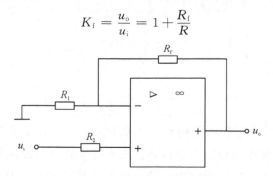

图 3-23 同相电压放大器电路

同相电压放大器的放大增益与集成运算放大器的内部参数无关。当取 $R_f = 0$ 和 $R = \infty$ 时，$K_f = 1$，此时的电路称为电压跟随器，其主要特点是具有高输入阻抗和低输出阻抗，常用在信号处理中作阻抗变换。所以在使用时，输入电压幅值不能超过其共模电压输入范围，以防堵塞；应选取输入共模电压高的集成运算放大器，也可以采用输入加限幅的二极管，以提高其抗共模性能。同相电压放大器的设计方法为

$$\begin{cases} K_f = \dfrac{u_o}{u_i} \\ K_f = 1 + \dfrac{R_f}{R} \end{cases}$$

式中，K_f——同相电压放大器的增益；

　　　　R_f——放大器增益可调电阻。

一般，信号放大器电路的 R 取值为 $2 \sim 10 \ \text{k}\Omega (R_1 \approx R)$，$\text{VD}_1$、$\text{VD}_2$ 为稳压二极管，R_f 的取值为 $100 \ \text{k}\Omega$。其特点是输入阻抗较小，近似为 R_1，输出阻抗也较小。

2. 反相电压放大器

反相电压放大器电路如图 3-24 所示。反相电压放大器的输入信号 u_i 经输入端电阻 R_1 送入反相输入端，同相输入经平衡电阻 R_2 接地。R_f 为反馈电阻，它跨接在输出端与反相端之间，形成深度电压并联负反馈，称反馈放大电路。输出电压极性与输入电压极性相反。电路参数的计算方法为

$$K_f = \frac{u_o}{u_i} = -\frac{R_f}{R_1}, \ R_P = R_1 /\!/ R_f$$

式中，K_f——反相放大器的增益；

　　　　R_f——增益可调电阻。

在电路中，R_1 取值为 $2 \sim 10 \ \text{k}\Omega$，$R_f$ 取值为 $100 \ \text{k}\Omega$。

反相放大器的特点：具有极高的输入阻抗和低的输出阻抗，常用作阻抗变换器。

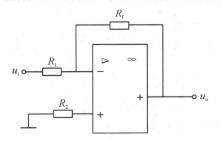 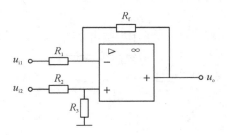

图 3-24　反相电压放大器电路　　　　　　图 3-25　差分放大器电路

3. 差分放大器

差分放大器电路如图 3-25 所示，当运算放大器的反相端和同相端分别输入信号 u_{i1} 和 u_{i2} 时，输出电压 u_o 为

$$u_o = -\frac{R_f}{R_1} u_{i1} + \left(1 + \frac{R_f}{R_1}\right)\left(\frac{R_3}{R_2 + R_3}\right) u_{i2}$$

当 $R_1 = R_2$，$R_f = R_3$ 时，放大电路为差分放大器，其差模电压增益为

$$A_u = \frac{u_o}{u_{i2} - u_{i1}} = \frac{R_f}{R_1} = \frac{R_3}{R_2}$$

输入电阻为

$$R_i = R_1 + R_2 = 2R_1$$

当 $R_1 = R_2 = R_f = R_3$ 时，放大电路为减法器，输出电压为

$$u_o = u_{i2} - u_{i1}$$

由于差分放大器具有双端输入-单端输出、共模抑制比较高（$R_1 = R_2$，$R_f = R_3$）的特点，所以用作传感器或测量仪器的前端放大器。

差分放大器的特点：共模抑制比高，抗共模干扰能力强，但输入阻抗较低；通常用于双端输出的传感器，如称重传感器。

4. 交流电压放大器

图 3-26 所示为交流电压放大器电路，可用于低频交流信号的放大，其输出信号与输入信号的关系为

$$U_o = -\frac{Z_f}{Z_1} U_i$$

式中，

$$Z_1 = \frac{1}{j\omega C_1} + R_1$$

$$Z_f = \frac{R_f}{1 + j\omega C_f R_f}$$

由于 Z_1 和 Z_f 都与频率 ω 有关，所以放大器的放大倍数也与频率有关，因此在放大信号时，可以抑制直流漂移和高频干扰电压。

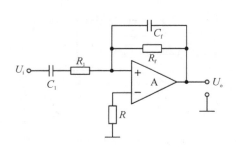

图 3-26　交流电压放大器电路

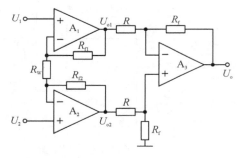

图 3-27　测量放大器电路原理

5. 测量放大器（仪表放大器）

在许多检测技术的应用场合，传感器输出的信号往往较弱，而且其中还包含工频、静电和电磁耦合等共模干扰，对这种信号进行放大，就需要放大电路具有很高的共模抑制比及高增益、低噪声和高输入阻抗。习惯上将具有这种特点的放大器电路称为测量放大器电路或仪表放大器电路。

图 3-27 所示为由三个运算放大器组成的测量放大器电路，差动输入信号 U_1、U_2 分别送至两个运算放大器（A_1、A_2）的同相输入端，因此输入阻抗很高，采用对称电路结构，而且被测信号直接加到输入端上，从而保证了较强的抑制共模信号的能力。A_3 实际上是一个差动跟随器，其增益近似为 1。放大器电路的放大倍数为

$$A_u = \frac{U_o}{U_2 - U_1} \tag{3-10}$$

$$A_u = \frac{R_f}{R}\left(1 + \frac{R_{f1} + R_{f2}}{R_w}\right) \qquad (3-11)$$

只要运算放大器 A_1 和 A_2 性能对称(主要输入阻抗和电压增益对称),这种电路的漂移就会大大减小。该电路具有高输入阻抗和高共模抑制比,对微小的差模电压很敏感,适用于测量远距离传输过来的信号,因而十分适于与微小信号输出的传感器配合使用。R_w 是用来调整放大倍数的外接电阻。

AD521/AD522 是集成运算放大器,具有比普通运算放大器性能优良、体积小、结构简单、成本低等特点。下面具体介绍 AD522 集成运算放大器的特点及应用。

AD522 主要用于恶劣环境条件下进行高精度数据采集的场合,由于 AD522 具有低电压漂移、低非线性、高共模抑制比、低噪声、低失调电压等特点,因而常用于 12 位数据的采集系统。图 3-28 所示为 AD522 典型接法。

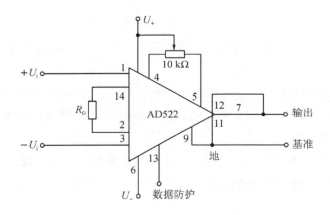

图 3-28 AD522 典型接法

AD522 的一个主要特点是设有数据防护端,用于提高交流输入时的共模抑制比。对远处传感器送来的信号,通常采用屏蔽电缆传送到测量放大器,电缆线上的分布参量 R_G 会使信号产生相移;当出现交流共模信号时,这些相移将使共模抑制比降低。数据防护端可以克服上述影响(见图 3-29)。对于没有此端子的仪器用放大器,如 AD524、AD624 等,可在 R_G 的 2 端取得共模电压,再用一运算放大器作为它的输出缓冲屏蔽驱动器;运算放大器应选用具有很低偏流的场效应管,以减少偏流流经增益电阻时使增益产生的误差。

6. 程控增益放大器

经过处理的模拟信号,在送入计算机进行处理前必须进行量化,即进行模/数(A/D)转换,转换后的数字信号才能被计算机接收和处理。

为减小转换误差,一般希望送来的模拟信号尽可能大,如采用 A/D 转换器进行模/数转换时,在 A/D 输入的允许范围内,希望输入的模拟信号尽可能达到最大值;然而,当被测参数变化范围较大时,经传感器转换后的模拟小信号变化也较大。在这种情况下,如果单纯只使用放大倍数单一的放大器,就无法满足上述要求,即在进行小信号转换时,可能

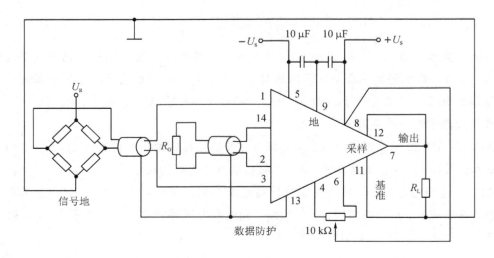

图 3 - 29　AD522 典型应用

会引入较大的误差。为解决这个问题，实际采用了改变放大器增益的方法，来实现不同幅度信号的放大。

　　在计算机自动测控系统中，不可能采用手动方法来实现增益变换，可采用软件控制的方法来实现增益的自动变换。具有这种功能的放大器称为可编程增益放大器（Programmable Gain Amplifier，PGA）。

　　图 3 - 30 所示为利用改变反馈电阻的方法来实现量程变换的增益放大器电路。当开关 S_1 闭合、S_2 和 S_3 断开时，放大倍数为

$$A_{uf} = -\frac{R_1}{R} \tag{3-12}$$

当 S_2 闭合，而其余两个开关断开时，其放大倍数为

$$A_{uf} = -\frac{R_2}{R} \tag{3-13}$$

　　选择不同的开关闭合，即可实现不同增益的变换。如果用软件选择开关的闭合，即可实现程控增益变换。

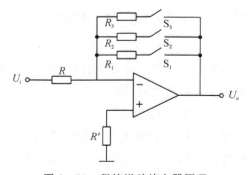

图 3 - 30　程控增益放大器原理

　　利用程控增益放大器与 A/D 转换器组合，配合一定的软件，很容易实现输入信号的增
益控制或量程变换，间接地提高输入信号的分辨率。

　　图 3-31 所示为 AD521 测量放大器与模拟开关 4052(4 选 1 两通道模拟开关)结合组成
的程控增益放大器，改变其外接电阻 R 即可实现增益控制。

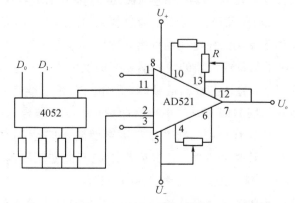

图 3-31　AD521 和模拟开关 4052 构成的程控增益放大器

　　有些测量放大器已在电路中将译码电路和模拟开关结合在了一起，有的甚至将设定增
益所需的电阻也集成在同一器件中，为计算机控制提供了极为便利的条件。AD524 即常用
的一种集成可编程增益放大器。

　　图 3-32 所示为 AD524 原理图。AD524 具有低失调电压(50 mV)、低失调电压漂移
(0.5 μV/℃)、低噪声(0.3 pV(峰峰值)，0.1～10 Hz)、低非线性(0.003%，增益为 1 时)、
高共模抑制比(120 dB，增益为 1000 时)、增益带宽为 25 MHz、输入保护等特点；由图
3-32可知，对于 1、10、100 和 1000 倍的整数倍增益，不需外接电阻即可实现，在具体使
用时只采用一个模拟开关来控制即可达到目的。对于其他倍数的增益控制，也可用一般的
改变增益调节电阻 R_s 的方法来实现；同样也可通过改变反馈电阻来与 D/A 转换器结合，
甚至改变其参考端电压的方法来实现程控增益。

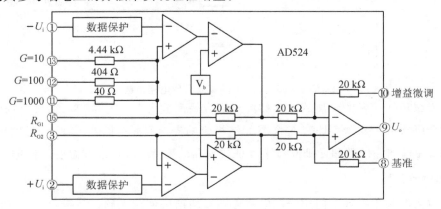

图 3-32　AD524 原理图

7. 隔离放大器

在有强电或强电磁干扰的环境中，为了防止电网电压等对测量回路的损坏，其信号输入通道须采用电气隔离，具有这种功能的放大器称为隔离放大器。

一般来讲，隔离放大器是输入、输出和电源彼此隔离，没有直接耦合的测量放大器。由于隔离放大器采用"浮地"设计，消除了输入、输出端之间的耦合，因此还具有以下特点：

（1）能保护系统元件不受高共模电压的损害，防止高压使低压信号系统损坏。

（2）泄漏电流小，对于测量放大器的输入端无须提供偏流返回通路。

（3）共模抑制比高，能对直流和低频信号（电压或电流）进行准确、安全的测量。

目前，隔离放大器中采用的耦合方式主要有两种：变压器耦合和光电耦合。通过变压器耦合实现载波调制，通常具有较高的线性度和隔离性能，但是带宽较小。通过光电耦合方式实现载波调制，可获得较高的带宽，但其隔离性能不如变压器耦合。上述两种方式均需对差动输入级提供隔离电源，以便达到预定的隔离目的。

图 3-33 所示为 284 型隔离放大器电路的结构。为提高微电流和低频信号的测量精度，减小漂移，其电路采用调制式放大，其内部分为输入、输出和电源三个彼此相互隔离的部分，并由低泄漏高频载波变压器耦合在一起。通过变压器的耦合，电源电压被送入输入电路，并将信号从输入电路送出。输入部分包括双机型前置放大器、调制器；输出部分包括解调器和滤波器，一般在滤波器后还有缓存放大器。

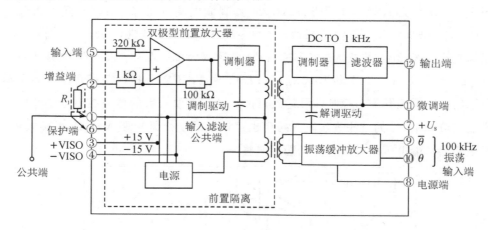

图 3-33　284 型隔离放大器电路结构

采用光路传送信号的隔离放大器称为光耦合隔离放大器。图 3-34 所示为一种小型廉价的光耦合隔离放大器 ISO100，它将发光二极管的光返回并送回输入端（负反馈），正向送至输出端，经过加工处理和仔细配对来保证放大器的精度、线性度和温度的稳定性。

8. 电荷放大器

电荷放大器采用一种专门用于压电式传感器的信号调理电路。电荷放大器是反相端输入、同相端接地、电容反馈的运算放大器。运算放大器本身的输入级应是场效应管，保证输

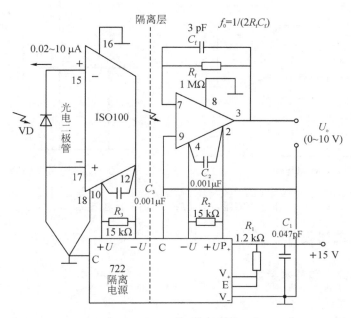

图 3 - 34　ISO100 原理图

入阻抗高达 $10^{12}\,\Omega$。运算放大器利用其求和点为虚地电位的特点，使得输入端的分布电容上没有积累电荷，从而不起作用。电荷放大器的主要用途是将压电传感器的电荷量或电容传感器上的微小电容变化量转换为电压输出。

图 3 - 35 所示为压电传感器与电荷放大器的组合电路及其等效电路。图(a)中，C_f 为反馈电容，一般取值为 1 nF～1 pF；R_f 为提供电荷放大器直流工作点的电阻，其值大于 $10^{10}\,\Omega$；C 为隔直电容，取值较大。电容 C_a、C_p 分别表示压电传感器电容和引线分布电容。q 表示压电传感器的电荷。图(b)中，U_i 和 C_i 分别是等效输入电压和等效输入电容，即

$$U_i = \frac{q}{C_a + C_p}$$

$$C_i = \frac{(C_a + C_p)C}{C_a + C_p + C}$$

当 q 变化频率大于 $1/(2\pi R_f C_f)$，小于运算放大器截止频率时，输出电压可以表示为

$$U_{out} = -\frac{C_i}{C_f}U_i = \frac{Cq}{C_f(C_a + C_p + C)}$$

由于 $C \gg (C_a + C_p)$，所以

$$U_{out} = -\frac{q}{C_f} \qquad\qquad (3-14)$$

式(3 - 14)表明，电荷放大器的输出电压与压电传感器的电荷成正比，与反馈电容成反比，与引线电容和放大器的输入电容无关。但是，放大器的输出端与输入端之间的分布电容是与 C_f 并联的，因此，对输出电压是有影响的，应尽量缩小和固定。

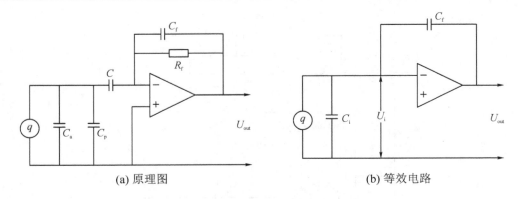

(a) 原理图　　　　　　　　　　　　　(b) 等效电路

图 3 - 35　压电传感器与电荷放大器的组合电路及其等效电路

3.3.2　模拟滤波器设计

1. 滤波器的分类和基本参数

1）滤波器的分类

滤波器的种类繁多，根据滤波器的选频作用，一般将滤波器分为四类，即低通、高通、带通、带阻滤波器；根据构成滤波器的器件类型，可分为 RC、LC 或晶体谐振滤波器；根据构成滤波器电路的性质，可分为有源滤波器和无源滤波器；根据滤波器所处理的信号性质，可分为模拟滤波器与数字滤波器。

图 3 - 36 所示为低通、高通、带通、带阻滤波器的幅频特性曲线。对于低通滤波器，f_2 为截止频率，$0 \sim f_2$ 频率之间为其通频带；对于高通滤波器，截止频率 f_1 以上的频率范围（即 $f_1 \sim \infty$）为通频带；对于带通滤波器，f_1 和 f_2 分别为上、下截止频率，通频带为 $f_1 \sim f_2$；对于带阻滤波器，下截止频率 f_1 和上截止频率 f_2 之间的频率范围为带阻。频率位于通频带以内的信号可以顺利通过滤波器，而其他频率的信号将被滤波器衰减。

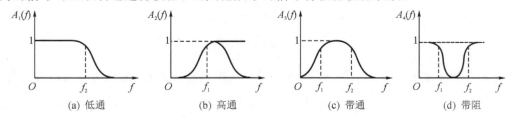

(a) 低通　　　　　　(b) 高通　　　　　　(c) 带通　　　　　　(d) 带阻

图 3 - 36　四类滤波器的幅频特性曲线

2）滤波器的基本参数

实际滤波器的主要参数有截止频率、带宽（B）、品质因数（Q 值）、倍频程选择性等。

（1）截止频率。幅频特性值等于 $K/\sqrt{2}$ 时所对应的频率称为滤波器的截止频率。K 为滤波器在通频带内的增益，以它为参考值，$K/\sqrt{2}$ 对应于 -3 dB 点，即相对于 K 衰减 -3 dB。若以信号的幅值平方表示信号功率，则所对应的点正好是半功率点。

（2）带宽（B）和品质因数（Q 值）。上、下截止频率之间的频率范围称为滤波器的带宽，或－3 dB 带宽，单位为 Hz。带宽决定着滤波器分离信号中相邻频率成分的能力，即频率分辨力。通常把中心频率 f 和带宽 B 之比称为滤波器的品质因数 Q，即

$$Q = \frac{f}{B} = \frac{1}{2} \frac{f_2 + f_1}{f_2 - f_1} \qquad (3-15)$$

（3）倍频程选择性。实际滤波器在两截止频率外侧有一个过渡带。这个过渡带的幅频曲线倾斜程度表明了衰减的快慢，它决定着滤波器对带宽外频率成分衰减的能力，通常用倍频程选择性来表征。所谓倍频程选择性，是指在上截止频率 f_1 与 $f_2/2$ 之间，或者在下截止频率 f_1 与 $f_2/2$ 之间幅频特性的衰减量，即频率变化一个倍频程时的衰减量，以 dB 为单位。显然，衰减越快，滤波器选择性越好。对于远离截止频率的衰减率，也可以用－20 dB/倍频程衰减量表示。

2. 无源 RC 滤波器

用无源器件 R 和 C 构成的滤波器称为无源 RC 滤波器。RC 滤波器具有电路简单、抗干扰性强、低频特性较好等优点，并且选用标准电容元件也容易实现，因此在检测系统中有较多应用。

1）一阶 RC 低通滤波器

RC 低通滤波器的典型电路及其幅频、相频特性如图 3-37 所示。设滤波器的输入信号电压为 u_i，输出信号电压为 u_o，电路的微分方程为

$$RC \frac{\mathrm{d}u_o}{\mathrm{d}t} + u_o = u_i$$

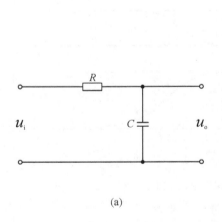

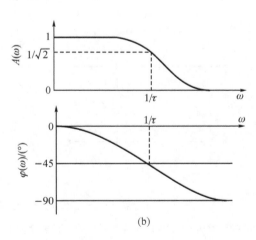

(a)　　　　　　　　　　　　　　　　　　　(b)

图 3-37　RC 低通滤波器及其幅频、相频特性

令 $\tau = RC$，其中 τ 称为电路的时间常数。对上式进行拉普拉斯变换和傅里叶变换，可得频率特性函数为

$$G(\mathrm{j}\omega) = \frac{1}{\mathrm{j}\omega\tau + 1}$$

这是一个典型的一阶系统。

当 $\omega \ll 1/\pi$ 时，幅频特性 $A(\omega)=1$，此时信号几乎不受衰减地通过，并且 $\varphi(\omega)$-φ 关系曲线为近似于一条通过原点的直线。因此可以认为，在此情况下，RC 低通滤波器是一个不失真的传输系统。

当 $\omega = \omega_1 = 1/\tau$ 时，$A(\omega) = 1/\sqrt{2}$，即

$$f_2 = \frac{\omega_1}{2\pi} = \frac{1}{2\pi RC} \tag{3-16}$$

式(3-16)表明，RC 值决定着上截止频率。因此，适当改变 RC 值，就可以改变滤波器的截止频率。

当 $f \gg \dfrac{1}{2\pi RC}$ 时，输出 $u_\circ$ 与输入 u_i 的积分成正比，即

$$u_\circ = \frac{1}{RC}\int u_i \mathrm{d}t$$

此时 RC 低通滤波器起着积分器的作用，对高频成分的衰减率为 -20 dB/10 倍频程（或 -6 dB 倍频程）。如要加大衰减率，应提供低通滤波器的阶数。

2）RC 高通滤波器

图 3-38 所示为 RC 高通滤波器及其幅频、相频特性。设输入信号电压为 u_i，输出信号电压为 $u_\circ$，则微分方程为

$$u_\circ + \frac{1}{RC}\int u_\circ \mathrm{d}t = u_i$$

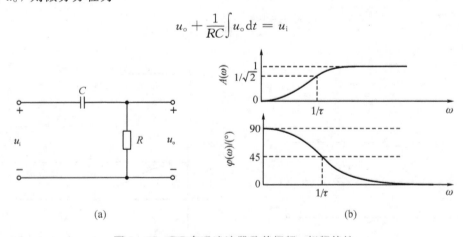

(a) 　　　　　　　　　(b)

图 3-38　RC 高通滤波器及其幅频、相频特性

同理，令 $t = RC$，频率特性、幅频特性和相频特性分别为

$$\begin{cases} G(\mathrm{j}\omega) = \dfrac{\mathrm{j}\omega\tau}{\mathrm{j}\omega\tau + 1} \\[2mm] A(\omega) = \dfrac{\omega\tau}{\sqrt{1+(\omega\tau)^2}} \\[2mm] \varphi(\omega) = \arctan\dfrac{1}{\omega\tau} \end{cases}$$

当 $\omega = 1/\tau$ 时，$A(\omega) = 1/\sqrt{2}$，滤波器的 -3 dB 截止频率为

$$f_1 = \frac{1}{2\pi RC} \qquad (3-17)$$

当 $\omega \gg 1/\tau$ 时，$A(\omega) \approx 1$，$\varphi(\omega) \approx 0$，即当 ω 相当大时，幅频特性接近于 1，相移趋近于零，此时 RC 高通滤波器可视为不失真的传输系统。

同样可以证明，当 $\omega \ll 1/\tau$ 时，RC 高通滤波器的输出与输入的微分成正比，起着微分器的作用。

3）RC 带通滤波器

带通滤波器可以看作低通滤波器和高通滤波器串联组成的。如一阶高通滤波器的传递函数为 $G_1(s)$，一阶低通滤波器的传递函数为 $G_2(s)$，则串联后的传递函数为

$$G(s) = G_1(s)G_2(s)$$

幅频特性和相频特性分别为

$$A(\omega) = A_1(\omega)A_2(\omega) \qquad (3-18)$$

$$\varphi(\omega) = \varphi_1(\omega) + \varphi_2(\omega) \qquad (3-19)$$

串联所得的带通滤波器上、下截止频率分别为

$$f_1 = \frac{1}{2\pi\tau_1}$$

$$f_2 = \frac{1}{2\pi\tau_2}$$

分别调节高、低通环节的时间常数 t_1、t_2，就可得到不同的上、下截止频率和带宽的带通滤波器。但是要注意，高、低通两级串联时，应消除两级耦合的相互影响，因为后一级成为前一级的“负载”，而前一级又是后一级的信号源。实际上两级间常用射极输出器或运算放大器进行隔离，所以实际的带通滤波器常常是有源的。

3. 有源滤波器

有源滤波器采用 RC 网络和运算放大器组成，其中运算放大器既可起到级间隔离作用，又可起到对信号的放大作用；RC 网络则通常作为运算放大器的负反馈网络。

1）有源低通滤波器

图 3-39(a)所示为将简单的 RC 低通滤波器接到运算放大器的同相输入端而构成的一阶有源低通滤波器。其中 RC 网络实现滤波作用，运算放大器用于隔离负载的影响，提高增益和带负载能力。该滤波器的截止频率为

$$f_2 = \frac{1}{2}\pi RC$$

增益为

$$1 + \frac{R_f}{R_1}$$

图 3-39(b)所示为将 RC 高通滤波器作为运算放大器的负反馈网络而构成的一阶有源低通滤波器，其截止频率为

$$f_2 = \frac{1}{2\pi R_f C}$$

增益为

$$\frac{R_f}{R_1}$$

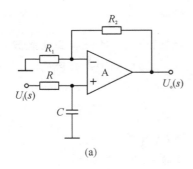
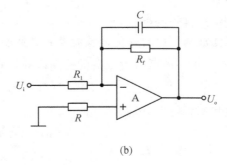

(a)　　　　　　　　　　　　　　　　(b)

图 3-39　一阶有源低通滤波器

一阶有源滤波器的倍频程选择性仅为 4 dB(该值可由对数幅频特性求出)，说明其频率选择能力较差。为提高频率选择能力，使通频带以外的频率成分尽快衰减，应提高滤波器的阶次。

图 3-40 所示为二阶有源低通滤波器，其中图 3-40(a)所示滤波器可看作图 3-39(a)、图 3-39(b)所示两个一阶有源低通滤波器的简单组合，其传递函数为

$$G(s) = \frac{U_o(s)}{U_i(s)} = G_1(s)G_2(s) = -\frac{R_f}{R_1}\frac{1}{(\tau s_1 + 1)(\tau s_2 + 1)}$$

$$= \frac{K\omega_n^2}{s^2 + 2\xi\omega_n + \omega_n^2} \tag{3-20}$$

式中，$G_1(s)$、$G_2(s)$ ——前、后低通滤波器的传递函数，则

$$G_1(s) = \frac{1}{\tau s_1 + 1}$$

$$G_2(s) = \frac{1}{\tau s_2 + 1}$$

τ_1、τ_2 ——两个低通滤波器的时间常数，$\tau_1 = R_1 C_1$，$\tau_2 = R_2 C_2$；

K——二阶滤波器的通频带增益，则

$$K = -\frac{R_f}{R_1};$$

ω_n——二阶滤波器的固有角频率，则

$$\omega_n = \frac{1}{\sqrt{\tau_1 \tau_2}}$$

ξ ——二阶滤波器的阻尼比，则

$$\xi = \frac{1}{2}\omega_n(\tau_1 + \tau_2)$$

该二阶有源低通滤波器的幅频和相频特性为

$$A(\omega) = \frac{K\omega_n^2}{\sqrt{(\omega_n^2 - \omega^2)^2 + (2\xi\omega_n\omega)^2}} \tag{3-21}$$

$$\varphi(\omega) = -\arctan\frac{2\xi\omega_n\omega}{\omega_n^2 - \omega^2} \tag{3-22}$$

其截止角频率为

$$\omega_o = \omega_n\sqrt{1 - 2\xi^2 + \sqrt{4\xi^4 - 4\xi^2 + 2}} \tag{3-23}$$

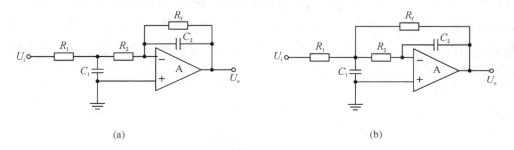

(a)　　　　　　　　　　　　　　　　　(b)

图 3-40　二阶有源低通滤波器

为了在低频段获得比较平坦的幅频特性，常取 $\xi = 0.707$，则 $\omega_o = \omega_n$，倍频程选择性为 7.4 dB，显然高于一阶低通滤波器的倍频程选择性，因此二阶低通滤波器比一阶低通滤波器具有较强的选频特性。

图 3-40(b)所示滤波器是对图 3-40(a)所示滤波器的改进，其通过多路负反馈以削弱 R_f 在调谐频率附近的负反馈作用，使滤波器的特性更接近理想的低通滤波器。该二阶低通滤波器的传递函数 $G(s)$、幅频特性 $A(\omega)$、相频特性 $\varphi(\omega)$、截止角频率 ω_o 分别与式 (3-20)~式(3-23)具有相同的表达形式，但其中的参数 K、ξ、ω_n 不同，这里分别为

$$K = -\frac{R_f}{R_1}$$

$$\omega_n = \frac{1}{\sqrt{R_2 R_f C_1 C_2}}$$

$$\xi = \sqrt{\frac{R_2 R_f C_2}{C_1}}\left(\frac{1}{R_1} + \frac{1}{R_2} + \frac{1}{R_f}\right)$$

2) 有源高通滤波器

图 3-41(a)所示为一个二阶有源高通滤波器的电路，它是将两个 RC 高通滤波器串联接在运算放大器的同相输入端而形成的，其传递函数为

$$G(s) = \frac{Ks^2}{s^2 + 2\xi\omega_n s + \omega_n^2} \tag{3-24}$$

式中，K——通频带增益，则

$$K = 1 + \frac{R_f}{R_1}$$

ω_n——固有角频率，则

$$\omega_n = \frac{1}{\sqrt{R_2 R_3 C_1 C_2}}$$

ξ——阻尼比，则

$$\xi = \frac{(1-K)R_3 C_2 + R_2 C_1 + R_2 C_2}{2\sqrt{R_2 R_3 C_1 C_2}}$$

该高通滤波器的截止角频率的计算式同式(3-23)。

图 3-41(b)所示为另一个二阶有源高通滤波器的电路，其中信号从运算放大器的反相端输入，并通过多路负反馈来抑制元件参数变化的影响，保证在任何参数情况下，阻尼比 ξ 总是正值，滤波器总是工作在稳定状态。该滤波器的传递函数具有与式(3-36)相同的表达形式，但其中各参数应按下式来确定：

$$K = \frac{C_1}{C_3}$$

$$\omega_n = \frac{1}{\sqrt{R_1 R_f C_2 C_3}}$$

$$\xi = \frac{C_1 + C_2 + C_3}{2}\sqrt{\frac{R_1}{R_f C_2 C_3}}$$

可见，无论电路中各元件参数取何值，阻尼比 ξ 永远是正值，该二阶系统总是稳定的。该滤波器的截止角频率也可按式(3-23)计算。

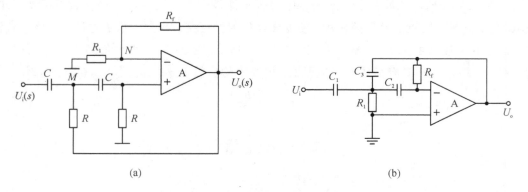

图 3-41　二阶有源高通滤波器

上面介绍的是检测系统中常用的滤波器，在实际设计工作中，可根据具体情况合理选用。图 3-41(a)所示的二阶有源滤波器，由于其信号都来自于运算放大器的同相端，而且电路中都引入了正反馈，因此滤波器性能易受元件参数变化的影响。这类滤波器主要用于对品质因数要求不高的场合。在设计或选用这类滤波器时，运算放大器的增益不宜选得过大，以保证阻尼比为正值，使滤波器工作在稳定状态。图 3 - 46(b)所示的二阶有源滤波器中，不存在稳定性问题，且由于多路负反馈的作用，滤波器性能受元件参数变化影响较小，可用于对品质因数要求较高的场合。

3.4　数字信号的检测

从传感器获取的测试信号，其中大多数为模拟信号，进行数字信号处理之前，一般先要对信号作预处理和数字化处理。数字式传感器可直接通过接口与计算机连接，将数字信号送给计算机(或数字信号处理器)进行处理。

随着微电子技术和信号处理技术的发展，在工程测试中，数字信号处理方法得到了广泛的应用，已成测试系统中的重要部分。特别是增量码传感器(或增量式)，如光栅、光电编码盘、磁栅、容栅等传感器，可用于检测位置、位移。数字信号检测系统接口方便，可提高分辨率、检测精度及抗干扰能力，同时信号易处理和远距离传送。

下面介绍几种常见的数字信号检测和处理方法。

3.4.1　单脉冲信号

有些用于检测流量、转速的传感器发出的是脉冲信号；对于单脉冲信号，可以进行简单的信号调理。如图 3 - 42 所示，引入计数器，在一定的采样时间内统计输入的脉冲个数，然后根据传感器的比例系数换算出所检测的物理量。例如，获得 $T(s)$ 时间内的输入脉冲个数为 n，则单位时间内的脉冲个数即脉冲频率为 $n/T(Hz)$，从而可换算出介质的流量或电动机的转速值。

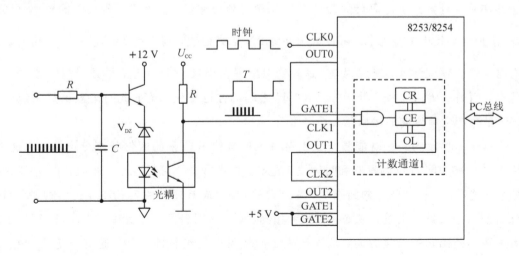

图 3 - 42　脉冲计数

3.4.2　光电编码器

　　根据检测原理,编码器可分为光学式、磁式、感应式和电容式;根据其刻度方法及信号输出形式,可分为增量式、绝对式及混合式三种。

　　对于电动机速度的检测,最常用的传感器是光电编码器。光电编码器是一种角度(角速度)检测装置,它根据轴的角位移,利用光电转换原理将角位移转换成相应的电脉冲或数字量,具有体积小、精度高、工作可靠、接口数字化等优点。

　　光电编码器由光栅盘(也称码盘)和光电检测装置组成。光栅盘是在一定直径的圆板上等分地开通若干个长方形孔而形成的。由于光电码盘与电动机同轴,电动机旋转时,光栅盘与电动机同速旋转,经发光二极管等电子元件组成的检测装置检测输出若干脉冲信号;计算单位时间内光电编码器输出脉冲的个数,就能反映当前电动机的转速。此外,为判断旋转方向,码盘提供相位差为 90°的两路正交脉冲信号。

　　增量光电编码器是以脉冲形式输出信号的传感器。当码盘转动时,其输出信号是相位差为 90°的 A 相和 B 相脉冲信号及只有一条透光狭缝的第三码道所产生的脉冲信号(它作为码盘的基准位置,给计数系统提供一个初始的零位信号)。从 A、B 两个输出信号的相位关系(超前或滞后)可判断旋转的方向。由图 3 – 43(a)可见,当码盘正转时,A 通道脉冲波形比 B 通道的超前 $\frac{\pi}{2}$;反转时,A 通道脉冲比 B 通道的滞后 $\frac{\pi}{2}$。图 3 – 43(b)所示为一实际电路,用 A 通道整形波的下沿触发单稳态产生的正脉冲与 B 通道整形波相"与",当码盘正转时,只有正向口有脉冲输出;反之,只有逆向口有脉冲输出。因此,增量编码器是根据输出脉冲和脉冲计数来确定码盘的转动方向和相对角位移量的。通常,若编码器有 N 个(码道)输出信号,其相位差为 $\frac{\pi}{N}$,可计数脉冲为 $2N$ 倍光栅数,则 $N=2$。图 3 – 43 电路的缺点是有时会产生误记脉冲,造成误差;这种情况出现在当某一个码道信号处于"高"或"低"电平状态,而另一码道信号正处于"高"和"低"之间的往返变化状态;此时码盘虽然未产生位移,但是会产生单方向的输出脉冲。

　　图 3 – 44 所示为一个既能防止误发脉冲又能提高分辨率的四倍频细分电路。在这里,采用了有记忆功能的 D 触发器和时钟发生电路。由图 3 – 44 可见,每一通道有两个 D 触发器串接,这样,在时钟脉冲的间隔中,两个 Q 端(如对应 B 通道的 74LS175 的引脚 2 和引脚 7)保持前两个时钟期的输入状态。若两者相同,则表示时钟间隔中无变化;否则,可以根据两者关系判断出它的变化方向,从而产生正向或反向输出脉冲。当某通道由于振动在高、低间往复变化时,将交替产生正向和反向脉冲,对两个计数器取代数和时就可消除它们的影响(下面仪器的读数也将涉及这个问题)。由此可见,时钟发生器的频率应大于振动频率

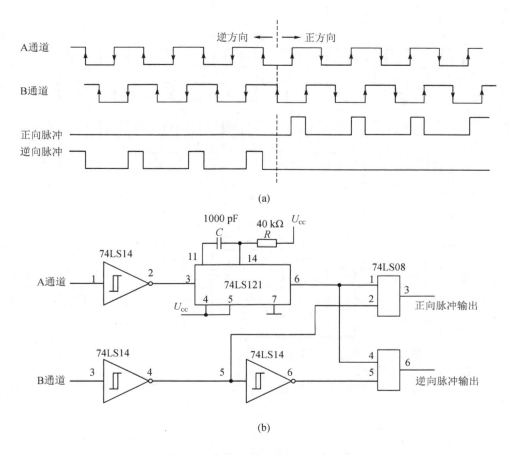

图 3 - 43　增量光电编码器基本波形和电路

的可能最大值。由图 3 - 44 还可看出，在原来一个脉冲信号的周期内，得到了四个计数脉冲。例如，原每圈脉冲数为 1000 的编码器可产生四倍频的脉冲数，为 4000 个，其分辨率为 0.09。实际上，目前这类传感器产品都将光敏元件输出信号的放大整形等电路与传感检测元件封装在一起，所以只要加上细分与计数电路就可以组成一个角位移测量系统（SN74159 为 4 - 16 译码器）。

3. 4. 3　开关信号

在实际应用中，常要引入一些状态量的反馈输入（如机械限位开关状态）。如果应用不当，会对检测系统造成严重干扰，甚至导致系统不能正常工作。

消除干扰的最有效方法是使检测系统部分地接地，和强电控制电路的接地隔开，不让它们在电气上共地。目前，最常见的是采用光电隔离（耦合）器。光电隔离器件体积小、响应速度快、寿命长、可靠性高。图 3 - 45 所示为光电隔离器的原理图。

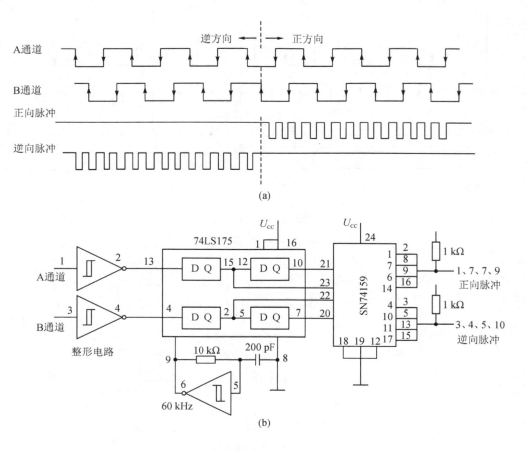

图 3-44　四倍频计数方式的波形和电路

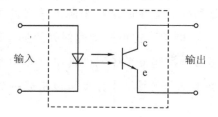

图 3-45　光电隔离器原理图

3.4.4　传感器非线性补偿处理

在机电一体化系统中,特别是对被测参量进行显示时,总是希望传感器及检测电路输出和输入特性呈线性关系,使测量对象在整个刻度范围内灵敏度一致,以便于读数和系统进行分析处理。但是很多检测元件如热敏电阻、光敏管应变片等都具有不同程度的非线性特性,这使得在较大范围的动态检测存在着很大的误差。以往在使用模拟电路组成检测回路时,为了进行非线性补偿,通常用硬件电路组成各种补偿回路,如常用的反馈式补偿回路使用对数放大器、反对数放大器；应变测试中的温度漂移采用桥式补偿电路等。这不但增加了电路的复杂性，而且很难达到理想的补偿效果。目前，非线性补偿完全可用计算机软件来完成，其补偿过程较简单，精确度也很高，又降低了硬件电路的复杂性。计算机在完成了非线性参数的线性化处理以后，还要进行工程量转换，即标度变换，才能显示或打印带物理单位（如℃）的数值。计算机非线性补偿（校正）过程如图 3 - 46 所示。

图 3 - 46　计算机非线性补偿（校正）过程

下面介绍非线性数据的软件处理方法。

用软件进行线性化处理的方法有计算法、查表法和插值法三种。

1. 计算法

当输出的电信号与传感器的参数之间有确定的数字表达式时，就可采用计算法进行非线性补偿，即在软件中编制一段完成数字表达式计算的程序，被测参数经过采样、滤波和标度变换后直接进入计算机程序进行计算，计算后的数值即为经过线性化处理的输出参数。

在实际应用中，被测参数和传感器输出信号常常是一组测定的数据。这时如仍想采用计算法进行线性化处理，则可应用数学上曲线拟合的方法对被测参数和传感器输出电压进行拟合，得出误差最小的近似表达式。

2. 查表法

在机电一体化系统中，有些参数的计算是非常复杂的，如一些非线性参数，它们不是用算术运算就可以计算出来的，需要涉及指数、对数、三角函数，以及积分、微分等运算。这些运算用汇编语言编写程序都比较复杂，有些甚至无法建立相应的数学模型。为了解决这些问题，可以采用查表法。

所谓查表法，就是把事先计算或测得的数据按一定顺序编制成表格，查表程序的任务就是根据被测参数的值或者中间结果，查出最终所需要的结果。

查表法是一种非数值计算方法，利用这种方法可以完成数据补偿、计算、转换等各种工作。它具有程序简单、执行速度快等优点。表的排列不同，查表的方法也不同。查表的方法有顺序查表法、计算查表法、对分搜索法等，下面介绍顺序查表法。顺序查表法是针对无序排列表格的一种方法。因为无序表格中所有项的排列均无一定的规律，所以只能按照顺序从第 1 项开始逐项寻找，直到找到所要查找的关键字为止。例如，在以 DATA 为首地址的存储单元中，有一长度为 100 个字节的无序表格，设要查找的关键字在 HWORD 单元，试用软件进行查找，若找到，则将关键字所在的内存单元地址存于 R2、R3 寄存器中；如未找到，则将 R2、R3 寄存器清零。

由于待查找的是无序表格，所以只能按单元逐个搜索，由此可画出程序流程图，如图 3-47 所示。

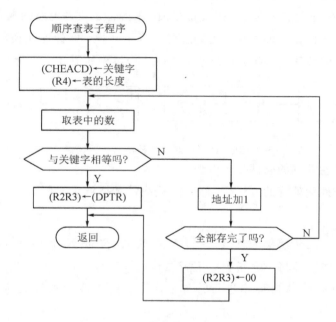

图 3-47　顺序查表法程序流程图

顺序查表法虽然比较"笨"，但对无序表格和较短的表而言，仍是一种比较常用的方法。

3. 插值法

查表法占用的内存单元较多，表格的编制比较麻烦。在机电一体化系统中也常利用计算机的运算能力，使用插值计算法来减少列表单元和测量次数。

1）插值原理

设某传感器的输出特性曲线（例如电阻-温度特性曲线）如图 3-48 所示。

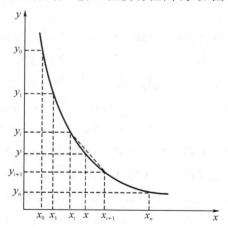

图 3-48　分段先行插值原理

从图 3-48 中可以看出，当已知某一输入值以后，要想求出值 y 并非易事，因为其函数关系式 $y=f(x)$ 并不是简单的线性方程。为使问题简化，可以把该曲线按一定要求分成若干段，然后把相邻两分段点用直线连起来（如图中虚线所示），用此直线代替相应的各段曲线，即可求出输入值 x 所对应的输出值 y。例如，设 x 在 (x_i, x_{i+1}) 之间，则其对应的逼近值为

$$y = y_i + \frac{y_{i+1} - y_i}{x_{i+1} - x_i}(x - x_i) \tag{3-25}$$

将式（3-25）化简，可得

$$y = y_i + k_i(x - x_i) \tag{3-26}$$

或

$$y = y_{i0} + k_i x \tag{3-27}$$

其中，$y_{i0} = y_i - k_i x_i$ 为第 i 段直线的斜率。式（3-26）为点斜式直线方程，而式（3-27）为截距式直线方程。在式（3-26）和式（3-27）中，只要 i 取得足够大，即可获得良好的精度。

2）插值的计算机实现

下面以式（3-26）为例，介绍用计算机实现线性插值的步骤。

（1）用实验法测出传感器的变化曲线 $y=f(x)$。为准确起见，要多测几次，以便求出一个比较精确的曲线。

（2）将上述曲线进行分段，选取各插值基点。为了使基点的选取更合理，不同的曲线采用不同的方法分段。其主要方法有以下两种。

① 等距分段法。等距分段法即沿 x 轴等距离选取插值基点。这种方法的主要优点是使式（3-25）中的 $x_{i+1} - x_i =$ 常数，因而计算变得简单。但是函数的曲率和斜率变化比较大时，会产生一定的误差；要想减少误差，必须把基点分得很细，这样势必占用较多的内存，并使计算机所占用的计算时间加长。

② 非等距分段法。这种方法的特点是函数基点的分段不是等距的，通常将常用刻度范围插值距离划分得小一点，而使非常用刻度区域的插值距离大一点。但非等值插值点的选取比较麻烦。

（3）确定并计算出各插值点 x_i、y_i 值及两相邻插值点间的拟合直线的斜率 k_i，并存放在存储器中。

（4）计算 $x - x_i$。

（5）找出 x 所在的区域 (x_i, x_{i+1})，并取出该段的斜率 k_i。

（6）计算 $k_i(x - x_i)$。

（7）计算结果 $y = y_i + k_i(x - x_i)$。

其程序框图如图 3-49 所示。

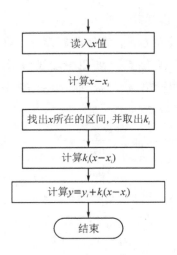

图 3-49　插值计算程序流程图

　　对于非线性数据的处理，除了前边讲过的计算法、查表法和插值法以外，还有许多其他方法，如最小二乘拟合法、函数逼近法、数值积分法等。对于机电一体化系统，具体采用哪种方法来进行非线性化计算机处理，应根据实际情况和具体被测对象的要求来选择。

3.5　检测接口设计(数据采集)

　　目前微处理器、微控制器和个人计算机已广泛应用在机电一体化系统中，因此，如何从与这些装置接触的周围环境中直接交换信息和模拟数据日益重要。例如，对图 3-50 所示的来自传感器的模拟信号，人们可以利用模拟装置来传递数据，如图形记录器，它可以在纸上实际画出信号的图形曲线，记录信号，或利用示波器显示信号；另一种选择是利用计算机来存储数据，这个过程称为计算机数据采集，它可以使数据存储更紧凑，得到更高的数据精度，并允许将数据用于实时控制系统，还能在事件发生很长时间之后进行数据处理。

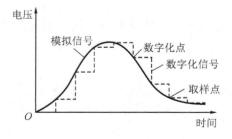

图 3-50　模拟信号与取样后的等效信号

　　为了能将模拟信号输入至数字电路或计算机中，必须将模拟信号变换为数字电路或计算机能识别的数据。这就必须在模拟信号离散的瞬间对信号作出数值评估，这个过程称为取样(或采样);其结果是由与每次取样对应的离散值组成的数字化信号,如图 3 – 50 所示。因此,数字化信号是一系列与模拟信号近似的数。注意,数与数之间的时间关系是取样过程的固有特性,且未分别记录。取样数据点的集合形成数据数组,尽管这种表示方法不再是连续的形式,但它仍然能精确描述原始的模拟信号。

为了获得精确的表示,对信号的取样应当有多快呢?当然是"尽可能快"。由此,需要专门的高速硬件以及用于存储数据的大量的计算机存储器。而一个较好的选择则是,针对给定应用选择所需的最低取样频率,同时保留所有重要的信号信息。

采样定理(也称香农采样定理)阐明,为了保留所有频率分量,需要以比信号中的最高频率分量高两倍的频率对信号采样,换句话说,为了如实地反映模拟信号,必须以频率 f_s 进行数字采样,使得

$$f_s \geqslant 2f_{\max}$$

式中,$f_{\max}$ ——输入模拟信号中的最高频率分量;

f_s ——采样频率。

所需最低频率的极限是 $2f_{\max}$,称为奈奎斯特频率。如采用截断的傅里叶近似表示信号,则最高频率分量是最高谐波频率,数字采样之间的时间间隔为

$$\Delta t = \frac{1}{f_s}$$

例如,若采样频率是 5000 Hz,则采样点之间的时间间隔为 0.2 ms。若以小于信号最高频率分量的两倍采样,便可能导致离散信号混叠。

3.5.1 量化理论

将采样模拟电压转换为数字形式的过程称为模/数(A/D)转换,其过程包含量化和编程两个步骤。此处重点介绍量化。

所谓量化,就是把幅度上连续的采样信号转换成幅度离散的量化信号。量化信号已经是数字信号了,可以看成多进制的数字脉冲信号。图 3 – 51 所示为如何将连续电压信号转换为离散的输出状态,而每个输出状态均被赋予唯一的代码。每个输入状态占据总电压范围的一个小范围,阶梯信号代表数字信号的状态,该数字信号是由取样所示电压范围内出现的模拟信号的线形斜坡得到的。

模/数(A/D)转换器是将模拟电压转换成数字输出代码的电子器件,模/数转换器的输出可以与数字设备(如计算机)直接相连。模/数转换器的分辨率是以数字方式逼近输入模拟值的位数来表示的。可能状态数 N 等于转换器可能输出的位组合数,有

$$N = 2^n \tag{3 – 28}$$

式中,n ——位数。

对于图 3 – 51 所示的转换过程,3 位器件具有 2^3 或 8 个输出状态,如第 1 纵栏中所列

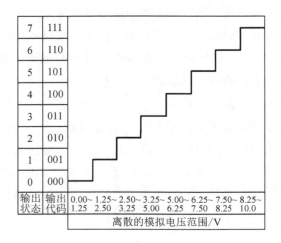

输出状态	输出代码	离散的模拟电压范围/V							
		0.00~1.25	1.25~2.50	2.50~3.25	3.25~5.00	5.00~6.25	6.25~7.50	7.50~8.25	8.25~10.0

图 3-51　模/数转换

出的,输出状态通常依次编号为 0~(N-1)。第 2 纵栏中列出了每个输出状态的对应数字,大多数模/数转换器为 8、10 或 12 位器件,分别能分辨 256、1024 和 4096 个输出状态。

在量化过程中,会出现的模拟判决点共有 N-1 个。在图 3-51 中,判决点出现在 1.25 V,2.50 V,…,8.75 V 处,模拟量化的细分程度 Q 被定义为模/数转换器的整个量程范围除以输出状态数,即

$$Q = \frac{U_{\max} - U_{\min}}{N} \qquad (3-29)$$

Q 是转换器可以分辨的模拟信号变化的测度。尽管分辨率被定义为模/数转换器的输出位数,但有时用它来指模拟量化的细分程度。对于上面的例子,模拟量化的细分程度是 (10/8) V=1.25 V,这意味着数字化信号的幅度至多具有 1.25 V 的误差。

3.5.2　采样/保持器

1. 传感器信号的采样/保持

当传感器将非电物理量转换成电量,并经放大、滤波等系列处理后,需经模/数转换(即 A/D 转换)变换成数字量,才能输入到计算机系统中。

在对模拟信号进行 A/D 转换时,从启动变换到变换结束的数字量输出,需要一定的时间,即 A/D 转换器的孔径时间。当输入信号频率提高时,由于孔径时间的存在,会造成较大的转换误差。要防止这种误差的产生,必须在 A/D 转换开始时将信号电平保持住,而在 A/D 转换后又能跟踪输入信号的变化,即使输入信号处于采样状态,能完成这种功能的器件叫采样/保持器。从上面的分析可知,采样/保持器在保持阶段相当于一个"模拟信号存储器"。

在模拟量输出通道,为使输出得到一个平滑的模拟信号,或对多通道进行分时控制,

也常采用采样/保持器。

2. 采样/保持器原理

采样/保持器由存储电容 C、模拟开关 S 等组成,如图 3-52 所示。当 S 接通时,输出信号跟踪输入信号,称采样阶段。当 S 断开时,电容 C 端一直保持 S 断开时的电压,称为保持阶段。

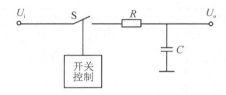

图 3-52　采样/保持原理

目前采样/保持器电路大多集成在单一芯片中,但芯片内不含保持电容,一般由用户根据需要选择并外接。保持电容应选择聚苯乙烯电容或聚四氟乙烯电容。电容值的选择应综合考虑进度、采样频率、下降误差、采样/保持偏差等参数(可参考采样/保持器的有关手册)。

集成采样/保持器的特点是:

(1) 采样速度快、精度高,一般在 2~2.5 s 内即可达到 ±0.01% ~ ±0.003% 的精度。

(2) 下降速率慢,如 AD585、AD348 为 0.5 mV/ms,SD389 为 0.1 μV/ms。

正因为集成采样/保持器有许多优点,因此得到了极为广泛的应用。下面以 LF398 为例,介绍集成采样/保持器的原理。图 3-53 为 LF398 的原理。由图可知,其内部由输入缓冲级、输出驱动级和控制电路三部分组成。

控制电路中 A 主要起比较器的作用;其中 7 脚为控制逻辑参考电压输入端,8 脚为控制逻辑电压输入端。当输入控制逻辑电平高于参考端电压时,A_1 输出一个低电平信号驱动开关 S 闭合,此时输入经 A_1 后跟随输出到 A_2,再由 A_2 的输出端跟随输出,同时向保持电容(接 6 端)充电;而当控制端逻辑电平低于参考电压时,A_3 输出一个正电平信号使开关 S 断开,以达到非采样时间内保持器仍保持原来输入的目的。因此,A_1、A_2 是跟随器,其作用主要是对保持电容输入和输出端进行阻抗变换,以提高采样/保持器的性能。

与 LF398 结构相同的还有 LF198、LF298 等,它们都是由场效应管构成的,具有采样速度高、保持电压下降慢以及精度高等特点。当作为单一放大器时,LF398 直流增益精度为 0.002%,采样时间小于 6 s 时精度可达 0.01%;输入偏置电压的调整只需在偏置端(2 脚)调整即可,并且在不降低偏置电流的情况下,带宽允许为 1 MHz。其主要技术指标有:

(1) 工作电压:±5 ~ ±18 V。

(2) 采样时间:≤10 μs。

(3) 可与 TTL、PMOS、CMOS 兼容。

（4）当保持电容为 0.01 μF 时，典型保持步长为 0.5 mV。

（5）低输入漂移，保持状态下输入特性不变。

（6）在采样或保持状态时高电源抑制。

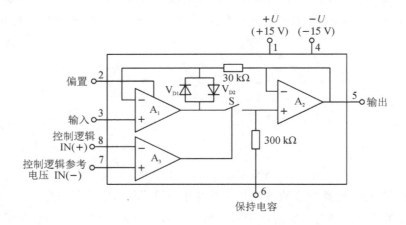

图 3-53 LF398 的原理

3.5.3 A/D 转换器

A/D 转换器的作用就是把模拟量变换成计算机能接收的二进制数字信号。A/D 转换器的芯片发展很快，种类较多，性能各异；按其变换原理，可分成逐次逼近式、双积分式、并行式、跟踪比较式和 V/F 变换式等。其中，逐次逼近式的精度、速度及价格都适中，应用最广泛；并行式速度快，但价格高；双积分式精度高、抗干扰能力强、价格低，但速度偏低；V/F 变换式的线性度和精度较高，价格也较低，但速度偏低。使用时可根据实际需要选择。下面以逐次逼近式和双积分式 A/D 转换器为例，说明 A/D 转换器的工作原理、主要技术指标、常用芯片及其与单片机的接口电路。

1. A/D 转换器工作原理

如图 3-54 所示，逐次逼近式模/数转换器在反馈环路中使用了一个数/模转换器（DAC）。当加上启动信号时，采样/保持器（S&H）将模拟输入量锁存。然后，控制单元开始进行迭代。其中，数字值被逼近，数/模转换器将其变换成模拟值，并且由比较器将该值同模拟输入值作比较。当数/模转换器的输出等于模拟输入信号时，由控制单元发出终止信号，并在输出端提供正确的数字输出。

若 n 为模/数转换器的位数，则完成转换要用 n 步。更确切地说，输入与模/数转换器满度（FS）值的二进制分数（$1/2$，$1/4$，$1/8$，…，$1/2^n$）的组合作比较。控制单元首先接通寄存器的最高有效位（MSB），而让所有比它低的位为 0。比较器测试相对于模拟输入的 DAC 输出。若模拟输入超过 DAC 输出，则保留该 MSB（高电平），否则便复位到 0。然后，将这个步骤应用于下一个更低的有效位并重新进行比较。进行 n 次比较之后，转换器降到最低

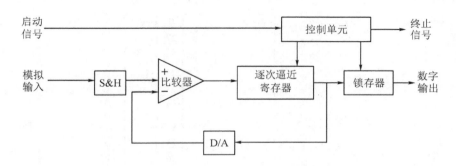

图 3-54　逐次逼近式模/数转换器

有效位(LSB)。这样，DAC 的输出便代表对模拟输入的最佳数字逼近。过程结束时，控制单元设定转换结束的终止信号。

2. A/D 转换器的主要技术指标

(1) 转换时间和转换速率。转换时间是 A/D 完成一次转换所需要的时间；转换时间的倒数为转换速率。

并行式 A/D 转换器的转换时间最短，为 20~50 μs，转换速率为 20~50 MB/s；双极性逐次逼近式转换器的转换时间约为 0.4 μs，转换速率为 2.5 MB/s。

(2) 分辨率。A/D 转换器的分辨率表示输出数字量变化一个相邻数码所需输入电压的变化量，习惯上以二进制位数或 BCD 码位数表示。例如，AD574 A/D 转换器可输出二进制数 12 位，即用 2^{12} 个数进行量化，其分辨率为 1 LSB(最低有效位)，用百分数表示为 $1/2^{12}×100\%=0.0244\%$。

(3) 量化误差。量化过程中引起的误差为量化误差，量化误差是由于有限数字对模拟量进行量化而引起的误差。理论上规定量化误差为一个单位分辨率的 ±1/2 LSB，分辨率高的转换器具有较小的量化误差。

(4) 转换精度。A/D 转换器的转换精度定义为一个实际 A/D 转换器与一个理想 A/D 转换器在量化值上的差值，可用绝对误差或相对误差表示。

3. 常用 A/D 转换芯片及其与单片机接口电路

A/D 转换器集成芯片类型很多，生产厂家也很多，下面介绍广泛应用的 AD574 芯片，以供选用时参考。

AD574 芯片是一种高性能的快速 12 位逐次逼近式 A/D 转换器，具有三态数据输出锁存器，由模拟芯片和数字芯片混合封装而成；模拟芯片为 12 位快速 A/D 转换器，数字芯片包括高性能比较器、逐次比较逻辑寄存器、时钟电路、逻辑控制电路以及三态输出数据锁存器等。其非线性误差小于 ±1/2 LSB，一次转换时间为 25 μs，电源供电电压为 ±15 V 和 +5 V。

AD574 芯片各型号都采用 28 引脚双列直插式封装，引脚图如图 3-55 所示。

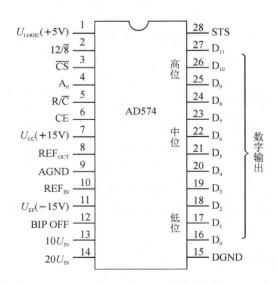

图 3 - 55　AD574 芯片引脚图

AD574 芯片各引脚功能如下:

- U_{LOGIC}(+5 V): 逻辑电源+5 V。

- $12/\overline{8}$: 输出数据形式选择信号, 接 U_{LOGIC}(+5 V)时, 数据按 12 位并行输出; 接 DGND 时, 数据按 8 位双字节输出。

- $\overline{\mathrm{CS}}$: 片选择信号, 低电平有效。

- A_0: 转换和读字节选择信号。$A_0=0$ 时, 启动 A/D 转换, 按 12 位 A/D 方式工作; $A_0=1$ 时, 启动 A/D 转换, 按 8 位 A/D 方式工作。

- $R/\overline{C}$: 启动/读数控制, 为 0 时启动, 为 1 时读数。

- CE: 片允许信号, 高电平有效。

- U_{CC}(+15 V): 正电源+15 V。

- REF_{OUT}: 参考输出。

- AGND: 模拟地。

- REF_{IN}: 参考输入。

- U_{EE}(−15 V): 负电源−15 V。

- BIP OFF: 双极性偏置。

- $10U_{\mathrm{IN}}$: 模拟信号输入, 单极性为 0~10 V, 双极性为−5~+5 V。

- $20U_{\mathrm{IN}}$: 模拟信号输入, 单极性为 0~20 V, 双极性为−10~+10 V。

- DGND: 数字地。

- $D_0 \sim D_{11}$: 12 位数据输出, 分 3 组。

- STS: 转换/完成状态输出, STS=1, 表示正处于转换中; STS=0, 表示转换完成。

习　题

3-1　模拟式和数字式传感器信号检测系统如何组成？

3-2　简述电感式传感器测量位移的原理。

3-3　简述光电传感器测速的原理。

3-4　什么是压电效应？如何利用压电效应测量加速度？

3-5　如题 3-5 图所示为差分放大器电路，已知输入电压 $U_1 = 1$ V，$U_2 = 0.5$ V。试求输出电压 U_o 的大小。

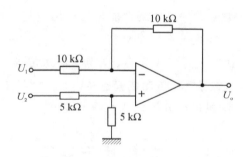

题 3-5 图

3-6　芯片 AD522 有什么特点？查找其芯片资料，构成一种信号放大电路。

3-7　简述程控增益芯片 AD521 的特点。查找其芯片资料，试用 AD521 构成实用放大电路。

3-8　在检测系统中，为何常对传感器信号进行调制？常用的调制方法有哪些？

3-9　什么是调制信号？什么是载波信号？什么是已调制信号？

3-10　相敏检波的原理是什么？

3-11　什么是低通、高通、带通、带阻滤波器？它们各自的通频带如何？

3-12　已知某电动机利用旋转光电编码器测速。旋转光电编码器光栅数为 1024，0.01 s 内测得脉冲数为 4096 个，试计算电动机的转速（rad/min）。

3-13　如何利用软件对传感器进行线性化处理？

3-14　什么是采样？采样/保持器的工作原理是什么？

第 4 章　执行装置及伺服电动机

从机电一体化系统的机械能流角度看，其支持系统由动力装置、传动装置、执行装置以及能源组成。能源一般采用电源或液(气)压源。动力装置的作用是将电能或液(气)压能转换为机械能，如伺服电动机将电能转换为回转运动的机械能；步进气缸将气压能转换为直线运动的机械能。传动装置起传递机械运动能量的作用或起转换运动轨迹、运动参数或增速和增大转矩的作用。执行装置的作用是夹持物料、导向运动，以及将机械有效能传入工艺过程。对于直线运动，执行装置有工作台、刀架、输送带等；对于回转运动，有主轴、转台等；对于组合运动，有机械手等。传动装置已在第 2 章中叙述过，由于篇幅限制，本章仅对常用执行装置及伺服电动机进行分析。

4.1　常用执行装置

4.1.1　执行系统

1. 执行系统的功能

执行系统的任务就是实现机电一体化系统(或产品)设计的目的。对于机电产品，执行系统的功能主要体现在以下方面：

(1) 作用于外界，完成预定的操作过程，如机器人的手部完成夹放工件，操持焊枪进行焊接，车床的主轴和刀架完成切削加工，缝纫机的机头进行穿针引线，打印机的打印机构完成打印操作等。

(2) 作用于机器内部，完成某种控制动作，如照相机的自动对焦机构的对焦、发动机中的离合器移动机构的移动、自动秤的秤锤移动机构的移动等。

归纳起来，执行系统的功能有夹持、搬运、输送、分度、转位、检测与施力等。

2. 执行系统的基本要求

一般来说，工作机的执行机构要对外界作功，因此必须实现一定的运动和传递必要的动力；信息机的执行机构所传递的动力虽小，但对所实现运动的要求很高。通常对执行机构提出了如下基本要求：

(1) 实现一定的运动。这些运动一般应具备轨迹形状、一定的速度和行程、起止点位置和运动方向等要素。对这些运动的轨迹、起点与终点应有一定的精度要求，对运动的启动、停止和轨迹跟踪应有一定的灵敏度要求。

（2）传递必要的动力。执行机构应具有一定的强度和刚度，能传递一定的力或力矩。

（3）保证系统具有良好的动态品质。由于是在受力状态和高速运转下保证运动轨迹和定位精度的，因此对执行机构的静刚度、动刚度、热变形和摩擦特性应有严格要求。减小转子质量、减小转动惯量、提高传动刚性、提高固有振动频率、减小摩擦和传动间隙等都是改善动态品质的途径。

3. 执行系统的组成

执行系统主要由执行构件与执行机构组成，执行机构驱动执行构件作用于工作对象。

（1）执行构件。执行构件是执行系统中直接完成工作任务的零部件。它往往是执行机构中的一个或几个构件，其动作由执行机构带动；或者是与工作对象直接接触并携带它完成一定的动作（如夹持、搬运、转位等），或是在工作对象上完成特定的动作（如喷涂、洗刷和锻压等）。

（2）执行机构。执行机构是位于动力元件和传动系统之后的机械装置，它一方面要作用于执行构件，另一方面要在一定的约束下实现所需的运动。其作用是把传动系统传递的运动形式或者动力进行必要的变换，以满足执行构件的运动要求。常见的运动变换形式是将转动变换为直线移动或摆动，或将直线运动或摆动变换成转动，还可以将直线运动变换成不同形式的连续运动或间歇运动。

4. 执行系统的分类及特点

执行系统按其对运动和动力要求的不同，可分为动作型、动力型及动作-动力型；按执行系统中执行机构数及其相互间的联系情况，可分为单一型、相互独立型与相互联系型，如表 4-1 所示。

表 4-1　执行系统的分类与特点

类　　别		特　　点	应用举例
按执行系统对运动和动力的要求分类	动作型	要求执行系统实现预期精度的动作（位移、速度、加速度等），对执行系统中的各构件的强度、刚度无特殊要求	缝纫机、包糖机、印刷机等
	动力型	要求执行系统能克服较大的生产阻力，作一定的功，故对执行系统中构件的强度、刚度有严格要求，但对运动精度无特殊要求	曲柄压力机、冲床、推土机、挖掘机、碎石机

类　别		特　点	应用举例
按执行系统对运动和动力的要求分类	动作-动力型	要求执行系统既能实现预期精度的动作,又能克服较大的生产阻力,作一定的功	滚齿机、插齿机
按执行系统机构的相互联系情况分类	单一型	执行系统中只有一个执行机构工作	搅拌机、碎石机、皮带输送机等
	相互独立型	执行系统中有多个执行机构在工作,但它们之间相互独立,没有运动的联系和制约	外缘磨床的磨削进给与砂轮转动、起重机的起吊和行走动作等
	相互联系型	执行机构中有多个执行机构在工作,而且它们有运动的联系和制约	印刷机、包装机、缝纫机、纺织机等

4.1.2 常用的典型执行机构

下面主要分析几种完成夹持、搬运、输送、分度与转位、检测和施力等功能的常见典型执行机构。

1. 夹持器

图 4-1 所示为弹簧杠杆式夹持器,它由弹簧 2、回转轴 4、挡块 5、手指 6 等构件组成。弹簧 2 使手指 6 闭合,挡块 5 使手指保持初始间隙。它可实现抓取、夹持和放开三个动作。

弹簧杠杆夹持器的特点是:抓取力受弹簧限制,常用来抓取小零件,如螺钉、销轴等。

图 4-2 所示为斜楔杠杆式夹持器,通过斜楔 3 在凸轮机构或曲柄滑块机构带动下作上下往复直线运动来完成抓取、夹持和放下三个动作。

斜楔杠杆式夹持器的特点是:夹持力决定于斜楔 3 与滚子 2 之间的作用力,这个作用力大于弹簧力,可夹持较大的工件。

图 4-3 所示为液压连杆式夹持器,压力油推动油塞杆 4,通过连杆 5 使手指 2 转动夹紧工件 1。手指内侧为圆弧形,适宜夹持圆形工件。

图 4-4 所示为液压电气控制夹持器,转臂 2 驱动手指 1 开合,平行四杆机构使手指作平动,适用于夹持矩形或菱形工件,且整个夹持器还能绕其轴转动。

夹持器还有其他驱动手指夹持工件的方式,如齿轮齿条、螺旋机构等。

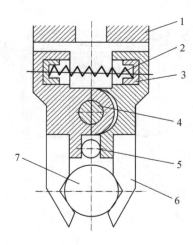

1—手腕；2—弹簧；3—垫圈；4—回转轴；
5—挡块；6—手指；7—工件

图 4-1　弹簧杠杆式夹持器

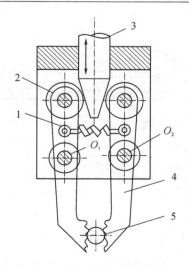

1—弹簧；2—滚子；3—斜楔；4—手指；5—工件

图 4-2　斜楔杠杆式夹持器

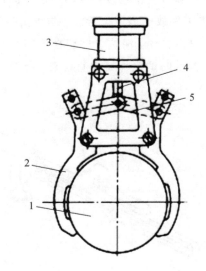

1—工件；2—手指；3—液压缸；
4—油塞杆；5—连杆

图 4-3　液压连杆式夹持器

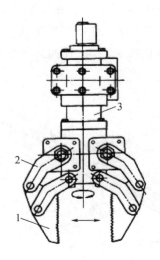

1—手指；2—转臂；3—液压油缸

图 4-4　液压电气控制夹持器

2. 搬运装置

搬运是把一个工件从一个位置移动到另一个位置，对搬运路线没有明确要求。

图 4-5 所示为车门开启装置，车门关闭时的位置在 BB，这是初始位置；车门开启时的位置在 B_1B_1，这是最终位置。用摆杆摇块机构（1-2-3-5）和摆杆滑块机构（3-4-6-5）组合，可实现车门的两个位置。原动件为活塞 2，作往复运动；车门装在摆杆 3 上，它随摆杆 3 作平面运动。活塞 2 伸缩到两个极限位置，车门就会从初始位置运动到最终位置。

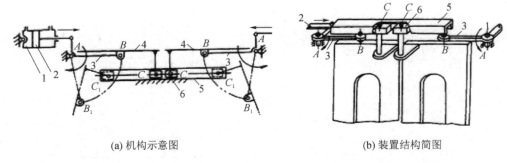

(a) 机构示意图　　　　　　　　　　　　　(b) 装置结构简图

1—气缸；2—活塞；3—摆杆；4—车门；5—滑槽；6—滑块

图 4 – 5　车门启闭装置

图 4 – 6 是一种搬用扁平工件的装置。图(a)是工件的初始位置，图(b)是工件的最终位置。用齿轮-齿条机构和正弦机构组合，可实现图(a)、(b)两个位置。工作时，真空吸头 10 吸住工件后，气缸 7 充气使连接于气缸活塞杆的齿条 5 向前移动，带动与齿轮固连的曲柄 8 转动 180°，到图(b)位置。然后真空吸头充气，将工件放于指定位置。为防止真空吸头 10 翻转，搬运头 9 应空套在曲柄 8 的销轴上，使其能自由转动。滑块 1 空套在导销 2 上，并由刚性连杆 3 与搬运头 9 相连，使搬运头 9 在曲柄 8 摆动时适当保持垂直位置。导销 2 在导板 4 的导槽内滑动。

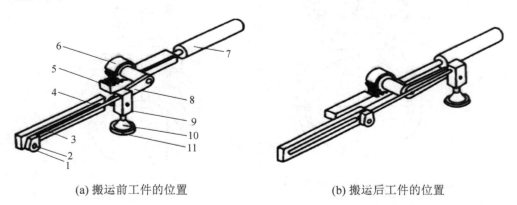

(a) 搬运前工件的位置　　　　　　　　　　(b) 搬运后工件的位置

1—滑块；2—导销；3—刚性连杆；4—导板；5—齿条；6—小齿轮；
7—气缸；8—曲柄；9—搬运头；10—真空吸头；11—工件

图 4 – 6　扁平工件搬运装置

3. 输送装置

输送是按给定的路线将工件从一个位置移动到另一个位置。按照输送路线的不同，输送可分为直线输送、环形输送、空间输送；按照输送方式的不同，输送可分为连续输送和间歇输送。

图 4-7 是一个间歇式直线输送装置。气缸的活塞是主动件，作往复直线运动。当活塞向左运动时，推动棘爪压缩弹簧向左移动，棘爪拨动棘轮逆时针转动，与棘轮装在一根轴上的链条输送装置的链轮，就带动链条运动，从而实现装在链条上的装配输送带的运动。当活塞向右运动时，棘爪在弹簧作用下回位，棘轮不转，装配输送带静止。这样就可实现装配输送带的间歇运动。

图 4-8 是一个直线导轨式输送装置，工件 1 被振动式贮料斗送到直线振动器中，然后进入导轨 3，通过曲柄摇杆机构使摇杆 4 往复摆动，与曲柄摇杆机构相连的是摇杆滑块机构，可使滑块即棘爪 2 往复移动，实现工件的间歇移动。

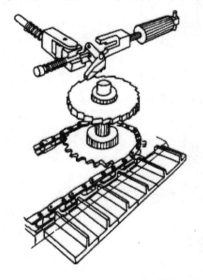

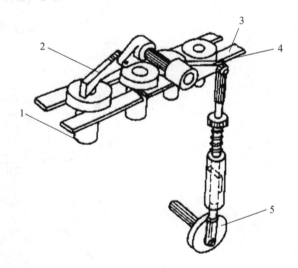

1—工件；2—棘爪；3—导轨；4—摇杆；5—偏心轮

图 4-7　间歇式直线输送装置　　　　图 4-8　直线导轨式输送装置

4. 分度与转位装置

在机电一体化产品中为了实现某些功能，必须要有分度与转位装置。如用于加工齿轮时的分度，六角车床刀架的转位换刀，转台式装配机械的工作台的分度与转位等。

图 4-9 所示为用棘轮机构带动的回转工作台。棘轮 2、分度盘 1 和工作台装在同一个立轴上，气缸 4 通过棘爪 3 推动棘轮 2 每次转过若干个齿（转过的齿数可以改变），气缸 5 使定位栓 6 深入分度盘 1 的槽中进行定位，也可以使定位栓 6 从分度盘 1 的槽中取出，使分度盘松动。

图 4-10 是凸轮机构带动的回转工作台。凸轮转动，使连杆 5 和驱动板 4 摆动。驱动销 2 使分度盘 3 回转分度，定位栓 1 则使分度盘定位。

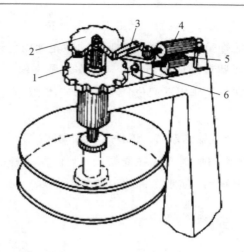

1—分度盘；2—棘轮；3—棘爪；4—分度气；5—定位气缸；6—定位栓

图 4-9　棘轮机构带动的回转工作台

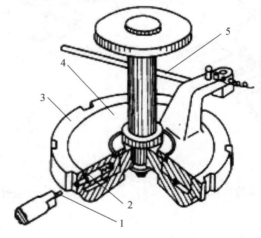

1—定位栓；2—驱动销；3—分度盘；4—驱动板；5—连杆

图 4-10　凸轮机构带动的回转工作台

5. 检测装置

检测装置用来检测工件的尺寸、形状及性能，其相应的主要执行机构是一个检测探头。在检测时，通过机械、电气或其他转动方式，把检测结果传递给执行机构，以便分离出合格与不合格的工件。

图 4-11 是检测垫圈内径的自动检测装置。被检测的垫圈沿一条倾斜的滑道 5 连续送进，直到被止动臂 8 的止动挡销挡住而停止，这时最前面的垫圈就处于检测位置。凸轮轴 1 上有两个盘形凸轮，左端凸轮可使止动臂 8 摆动，止动臂 8 下摆时，止动挡销离开垫圈 7，

使垫圈处于"浮动"位置。这就完成了检测的第一个动作。凸轮轴 1 上另一个盘形凸轮可实现其推杆摆动。当止动挡销离开垫圈时，推杆下摆，带动有测头的压杆 4 向下运动，完成检测动作。

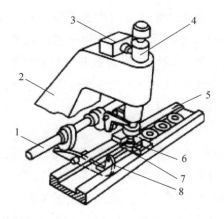

1—凸轮轴；2—支架；3—微动开关；4—压杆；5—进给滑道；
6—检测探头；7—工件(垫圈)；8—止动臂

图 4-11　自动检测垫圈内径装置

图 4-12 是检测垫片内径的工作过程。检测装置中采用的测头是一个圆锥形零件，垫圈内孔尺寸决定了带测头的压杆 2 的位置。垫圈内孔尺寸合格，压杆 2 位于图(a)位置，微动开关 3 的探头插入压杆的环形槽中，微动开关 3 断开，发出信号给控制系统，压杆离开后，垫圈被送入合格品槽中。如果垫圈内孔尺寸太小，压杆行程小，走到图(b)的位置；如果垫圈内孔尺寸太大，压杆行程大，走到图(c)的位置；在这两个位置，微动开关 3 的探头都不能插入压杆 3 的槽中，微动开关 3 闭合；控制系统把工件送入废品槽中。这样就完成了检测和分开合格品与不合格品的工作。

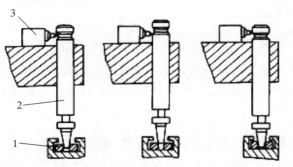

(a) 内径尺寸合格　　　(b) 内径尺寸太小　　　(c) 内径尺寸太大

1—工件；2—带探头的压杆；3—微动开关

图 4-12　垫圈内径检测工作过程

4.2　伺服电动机

在机电一体化系统中，伺服电动机是电气伺服系统的执行装置，其作用是把电信号转换为机械运动。各种伺服电动机各有其特点，适用于不同性能的伺服系统。电气伺服系统的调速性能、动态特性和运动精度等均与该伺服电动机的性能有直接关系。目前，常用的伺服电动机有步进电动机、直流伺服电动机和交流伺服电动机。

4.2.1　伺服系统

伺服系统也称为随动系统，是一种能够及时跟踪输入给定信号并产生动作，从而获得精确的位置、速度等输出的自动控制系统。

伺服系统是自动控制系统的一类，它的输出变量通常是机械或位置的运动，它的根本任务是实现执行机构对给定指令的准确跟踪，即实现输出变量的某种状态能够自动、连续、精确地复现输入指令信号的变化规律。图 4-13 所示为典型的伺服电动机闭环控制框图，伺服控制系统一般包括比较环节、控制器、功率放大器、伺服执行机构、检测装置等五部分。

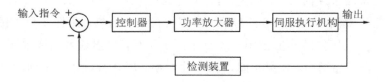

图 4-13　典型的伺服电动机闭环控制框图

4.2.2　伺服系统的分类

伺服系统的分类方法很多，按被控量的不同，可以将伺服系统分为位置伺服系统、速度伺服系统，其中最常见的是位置伺服系统，如数控机床的伺服进给系统等。从设计的角度确定伺服系统，可主要从控制方式、执行器动力源及自动控制原理方面来考虑。

1. 控制方式

按照控制方式，伺服系统可分为开环伺服系统、闭环伺服系统、半闭环伺服系统。开环伺服系统中无检测反馈元件，结构简单，但精度较低；闭环伺服系统精度高，但结构复杂；半闭环伺服系统的检测反馈元件位于机械执行装置的中间某个部位，将大部分机械构件封闭在反馈控制环之外，其性能介于开环和闭环伺服系统之间。

2. 执行器动力源

根据执行器使用的动力源，伺服系统可分为电气伺服系统、液压伺服系统和气压伺服系统等几种类型。

1）电气伺服系统

电气伺服系统具有高精度、高速度、高可靠性、易于控制等特点。电气伺服系统的执行元件包括控制用电动机、电磁铁等。对控制用电动机的性能要求除了稳速运转性能之外，还要求有良好的加、减速性能。

2）液压伺服系统

液压伺服系统主要包括往复运动的油缸、液压马达等。目前，世界上已开发了各种数字式液压执行元件，例如电-液步进马达具有精度高、定位性能好、使用方便等优点。

液压伺服系统的主要特点如下：

（1）功率大，可传递高达 25～30 MPa 的压力，因而可输出很大的功率和力。

（2）控制性能好，高压油液可压缩性极小，与同体积或功率的其他驱动系统相比，刚性好、时间常数小，可实现无极调速和缓冲定位。

（3）维修方便，能进行自润滑，有利于延长使用寿命，维修比电气伺服系统简便。

3）气动伺服系统

气动伺服系统是采用压缩空气作为动力的伺服系统，其所用介质是空气，因其价格低廉等优点而被广泛应用。

气动伺服系统的主要特点如下：

（1）成本低，不需要花费介质费用，同时传递压力低，气压驱动装置和管路的成本比液压驱动装置低。

（2）输出功率和力较小，体积较大。

（3）控制稳定性差，空气可压缩性大，阻尼效果差，低速不宜控制，而且运动的稳定性不好，控制精度不高。

（4）清洁、安全，结构简单，维修方便。

3．自动控制原理

按自动控制原理，伺服系统又可分为开环控制伺服系统、闭环控制伺服系统和半闭环控制伺服系统。

1）开环控制伺服系统

开环控制伺服系统的结构简单、成本低廉、易于维护，但由于没有检测环节，系统精度低、抗干扰能力差。其结构如图 4 - 14 所示。

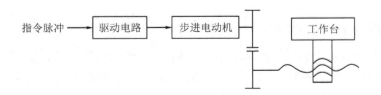

图 4-14　开环控制伺服系统结构框图

2）闭环控制伺服系统

闭环控制伺服系统能及时对输出进行检测，并根据输出与输入的偏差，实时调整执行过程，因此系统精度高，但其成本也大幅提高。其结构如图 4-15 所示。

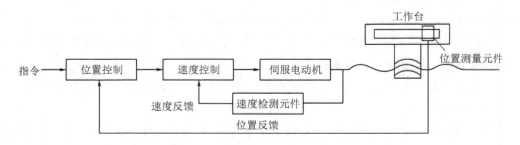

图 4-15　闭环控制伺服系统结构框图

3）半闭环控制伺服系统

半闭环控制伺服系统的检测反馈环节位于执行机构的中间输出上，因此一定程度上提高了系统的性能。如位移控制伺服系统中，为了提高系统的动态性能，增设的电机速度检测和控制就属于半闭环控制环节。其结构如图 4-16 所示。

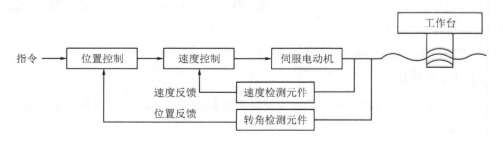

图 4-16　半闭环控制伺服系统结构框图

4.3　直流伺服电动机

直流伺服电动机具有良好的控制性能、较大的起动转矩，还具有相对功率大和响应快速等优点。相对交流电动机，直流电动机、结构复杂、存在电刷、成本较高。目前国内机电一体化系统中直流电动机应用比较广泛，但随着交流伺服电动机的逐步完善，直流电动机有逐渐被取代的趋势。

4.4.1 直流伺服电动机的原理、分类和结构

图 4-17 所示为直流伺服电动机的工作原理。与普通直流电动机一样，直流伺服电动机由定子、转子、电刷、换相片等零件组成。定子上有磁极，它可以是永磁体，也可以是由硅钢片叠合而成的铁芯。铁芯上缠有线圈，线圈内通直流电后，便产生固定的磁场。转子上缠有线圈，称为电枢绕组，绕组内通直流电后，便产生电磁转矩，使转子旋转。电刷和换相片可使电磁转矩的方向保持不变，转子不断旋转。控制直流电源的电压，便可变换转子的转速。

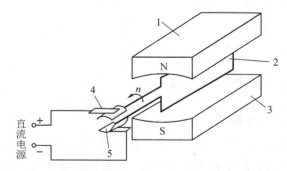

1—N磁极；2—电枢绕组；3—S磁极；4—电刷；5—换相片

图 4-17 直流伺服电动机的工作原理

直流伺服电动机的分类方式很多，按励磁方式可分为他励式、并励式、串励式和复励式，其中他励式包括永磁式直流伺服电动机。按结构分类，直流伺服电动机可分为传统型和低惯量型。传统型直流伺服电动机的结构形式与普通直流电动机的相同，都由主磁极、电枢铁芯、电枢绕组换向器、电刷装置等组成，只是容量和体积要小很多。相对于传统型直流伺服电动机，低惯量型直流伺服电动机的机电时间常数小，大大改善了电动机的动态性能，常见的有空心杯形转子直流伺服电动机、盘式电内枢直流伺服电动机和无槽电枢直流伺服电动机。

图 4-18 所示为空心杯形转子直流伺服电动机结构简图，其中定子部分包括一个外定子和一个内定子。外定子可由永磁钢制成，内定子由软磁性材料制成，仅作为磁路的一部分，以减少磁阻。空心杯电枢上的绕组可采用印制绕组，也可先绕成单个成形绕组，然后将它们沿圆周的轴向排列成空心杯形，再用环氧树脂固化。空心杯电枢直接装在电动机轴上，在内、外定子间的气隙中旋转。电枢绕组接在换向器上，由电刷引出。

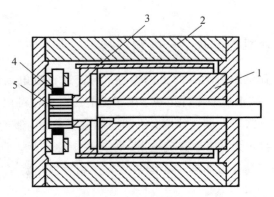

1—内定子；2—外定子；3—空心杯电枢；4—电刷；5—换向器

图 4-18　空心杯形转子直流伺服电动机结构简图

4.4.2　直流伺服电动机的工作特性

1. 直流伺服电动机的静态特性

直流伺服电动机的工作原理如图 4-19 所示。假设电刷位置在磁极间的几何中线上，忽略电枢回路电感，则根据图中给出的正方向，电枢回路的电压方程式为

$$E_a = U_a - I_a R_a \qquad\qquad (4-1)$$

式中，E_a ——反电动势；

$\quad U_a$ ——电枢电压；

$\quad I_a$ ——电枢电流；

$\quad R_a$ ——电枢电阻。

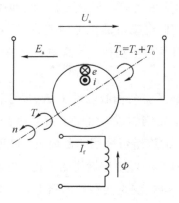

图 4-19　直流伺服电动机的工作原理

当磁通 Φ 恒定时，电枢绕组的感应电动势与转速成正比，即

$$E_a = K_e n \tag{4-2}$$

式中，$K_e = C_e \Phi$，C_e 为常数，当 Φ 恒定时，K_e 也为常数，表示单位转速（每分钟一转）下所产生的电动势。

当磁通 Φ 恒定时，电动机的电磁转矩与电枢电流成正比，即

$$T = K_t I_f \tag{4-3}$$

式中，$K_t = C_t \Phi$，C_t 为常数，当 Φ 恒定时，K_t 也为常数，表示单位电枢电流所产生的转矩。

把式(4-2)、式(4-3)带入式(4-1)中，便可得到直流伺服电动机的转速公式，即

$$n = \frac{U_a}{K_e} - \frac{R_a}{K_e K_t} T \tag{4-4}$$

由转速公式便可得到直流伺服电动机的机械特性和调节特性公式。

1）机械特性

机械特性是指电枢电压恒定时，电动机的转速随电磁转矩变化的关系，即

$$n = f(T)$$

当电枢电压一定时，转速公式为

$$n = n_0 - \frac{R_a}{K_e K_t} T \tag{4-5}$$

式中，

$$n_0 = \frac{U_a}{K_e}$$

为直流伺服电动机在 $T = 0$ 时的转速，故称为理想空载转速。

式(4-5)称为直流伺服电动机的机械特性公式。以转速 n 为纵坐标，电磁转矩 T 为横坐标，即可作出直流伺服电动机的机械特性曲线。它是一条略向下倾斜的直线。随着电枢电压 U 的增大，电动机的机械特性曲线平行地向转速和转矩增加的方向移动，但它的斜率保持不变，是一组平行的直线，如图 4-20 所示。

机械特性曲线与横轴的交点为电动机发生堵转（$n=0$）时的转矩，即电动机的堵转转矩 T_a，有

$$T_a = \frac{K_t}{R_a} U_a$$

在图 4-20 中，机械特性曲线的斜率的绝对值为

$$|\tan\alpha| = \frac{R_a}{K_e K_t}$$

斜率表示电动机机械特性的硬度，即电动机转速 n 随转矩 T 变化而变化的程度。斜率大，表示转速随负载的变化大，机械特性软；反之，机械特性硬。从机械特性公式可以看出，机械特性的硬度和 R_a 有关，R_a 越小，电动机的机械特性越硬。在实际的控制中，往往需对伺服电动机外接放大电路，这就引入了放大电路的内阻，使电动机的机械特性变软，在设计时应加以注意。

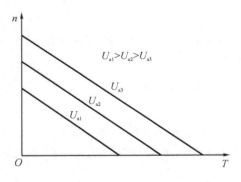

图 4 - 20　直流伺服电动机的机械特性

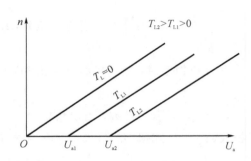

图 4 - 21　直流伺服电动机的调节特性

2) 调节特性

调节特性是指电磁转矩恒定时，电动机的转速随控制电压变化的关系，即 $T=$ 常数时，$n=f(U_a)$。

根据式(4-4)，可以求出直流伺服电动机的调节特性，如图 4-21 所示。它们也是一组平行的直线。

当电动机转速 $n=0$ 时，有

$$U_a = \frac{R_a}{K_t} T$$

它对应调节特性曲线与横轴的交点，表示电动机在某一负载转矩下的始动电压。当负载转矩一定时，电动机的电枢电压必须大于始动电压，电动机才能启动，并在一定的转速下运行；如果电枢电压小于始动电压，则直流伺服电动机产生的电磁转矩小于启动转矩，电动机不能启动。所以，在调节特性曲线上从原点到始动电压点的这一段横坐标所示的范围，称为在某一电磁转矩值时伺服电动机的失灵区。

2. 直流电动机的动态特性

电枢控制时，直流伺服电动机的动态特性是指电动机的电枢电压突变时，电动机转速从一种稳态到另一种稳态的过渡过程，即 $n=f(t)$。

当电枢电压突然改变时，由于电枢绕组有电感，因此电枢电流不能突变，所以这时电枢回路的电压方程为

$$U_a = R_a I_a + L_a \frac{\mathrm{d}I_a}{\mathrm{d}t} + E_a \qquad (4-6)$$

式中，L_a——电枢绕组的电感。

另外，电枢电压突变将引起电枢电流变化，因此电磁转矩也会发生变化，电动机的转速同样将发生变化。由于电动机和负载都有转动惯量，转速不能突变，则电动机的运动方程为

$$T - T_L = J \frac{\mathrm{d}\Omega}{\mathrm{d}t}$$

式中，T_L——负载转矩和电动机空载转矩之和；

　　J——折算到电动机轴上的转动惯量。

若 $T_L = 0$，则

$$T = J \frac{\mathrm{d}\Omega}{\mathrm{d}t} \qquad\qquad (4-7)$$

把式(4-2)、式(4-3)、式(4-6)和式(4-7)联立求解，便得到

$$U_a = \frac{R_a J}{K_t} \frac{\mathrm{d}\Omega}{\mathrm{d}t} + \frac{L_a}{K_t} \frac{\mathrm{d}^2\Omega}{\mathrm{d}t^2} + K_e'\Omega \qquad\qquad (4-8)$$

式中，$K_e' = \dfrac{60}{2\pi} K_e$，为常数。

对式(4-8)两端作拉普拉斯变换，便可得到直流伺服电动机的传递函数为

$$F(s) = \frac{\tau_i \tau_j K_t}{L_a J(\tau_i s + 1)(\tau_j s + 1)} = \frac{\dfrac{L_a}{R_a} \dfrac{R_a J}{K_t K_e'} K_t}{L_a J(\tau_i s + 1)(\tau_i + 1)} \qquad (4-9)$$

式中，τ_i——电动机的机械时间常数，$\tau_i = \dfrac{R_a J}{K_t K_e'}$；

　　τ_j——电动机的电气时间常数，$\tau_j = \dfrac{L_a}{R_a}$。

通常，电枢绕组的电感很小，所以电气时间常数也很小。机械时间常数比电气时间常数大很多，因此往往可以忽略电气时间常数的影响，即令 $\tau_i = 0$，这时有

$$F(s) = \frac{1}{\tau_i s + 1} \cdot \frac{1}{K_e'}$$

机械时间常数的大小表示电动机过渡过程的长短，反映了电动机转速随电压信号变化的快慢程度，是伺服电动机的一项重要指标。

4.4.3　直流伺服电动机的速度控制

1. 直流伺服电动机的调速方法选择

直流伺服电动机的机械特性公式为式(4-4)，即

$$n = \frac{U_a}{K_e} - \frac{R_a}{K_e K_t} T$$

根据伺服直流电动机的机械特性，可知其调速方法有三种：调阻、调磁和调压。

(1) 改变电枢回路电阻(即改变 R_a)。电阻 R_a 值的改变，可以通过在电枢回路上串联或并联电阻的方法实现。

这种调速方法只能使转速往下调。如果电阻 R_a 能连续变化，则电动机调速就能平滑。由于这种方法是通过增加电阻损耗来改变转速的，因此调速后的效率降低了。这种方法经济性差，应用受到限制。

(2) 改变磁场磁通 Φ。由于电动机在额定励磁电流时，磁路已经有点饱和，再增大磁通

就比较困难，所以一般都是采用减少磁通 Φ 的办法调速。这种调速方法只能在电磁电动机上进行，通过改变励磁电压来实现。但机械特性的斜率与磁通的平方成反比，机械特性迅速恶化，因此调速范围不能太大。

（3）改变电枢电压。改变电枢电压后，机械特性曲线是一簇以 U_a 为参数的平行线，因而在整个调速范围内均有较大的硬度，可以获得稳定的运转速度，所以调速范围较宽，应用广泛。

2. 直流电动机脉宽调制（Pulse Width Modulation，PWM）调速

改变电枢电压可以对直流电动机进行速度控制，调压的方法很多，其中应用最广泛的是 PWM 调速。PWM 有两种驱动方式：一种是单极性驱动方式，另一种是双极性驱动方式。

（1）单极性驱动方式。当电动机只需要单方向旋转时，可采用此种方式，原理如图 4-22(a)所示。其中 VT 是用开关符号表示的电力电子开关器件，VD 表示续流二极管。当 VT 导通时，直流电压 U_a 加到电动机上；当 VT 关断时，直流电源与电动机断开，电动机电枢中的电流经 VD 续流，电枢两端的电压接近于零。如此反复，便得到电枢端电压波形 $u = f(t)$，如图 4-22(b)所示。这时电动机的平均电压为

$$U_d = \frac{t_{on}}{T}U_a = \rho U_a \qquad (4-10)$$

式中，T——功率开关器件的开关周期（单位：s）；

　　　t_{on}——开通时间（单位：s）；

　　　ρ——占空比。

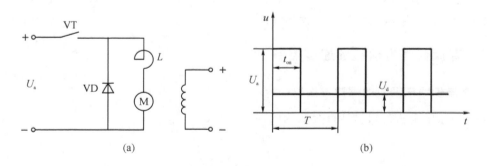

图 4-22　直流伺服电动机单极性驱动原理及波形

从式（4-10）可以看出，改变占空比就可以改变直流电动机两端的平均电压，从而实现电动机调速的目的。这种方法只能实现电动机单向运行的调速。

采用单极性 PWM 控制的速度控制芯片很多，常见的如 Texas InstRuments 公司的 TPIC2101 芯片，如图 4-23 所示，它是为控制直流电动机而设计的单片集成电路，它的栅极输出驱动外接 N 沟道 MOSFET 或 IGBT，用户可利用模拟电压信号或 PWM 信号调节电

动机速度。

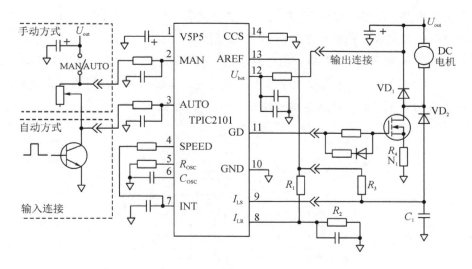

图 4-23　TPIC2101 芯片的应用电路

（2）双极性驱动方式。这种驱动方式不仅可以改变电动机的转速，还能够实现电动机的制动、反向。这种驱动方式一般采用四个功率开关构成 H 桥电路，如图 4-24(a)所示。

$VT_1 \sim VT_4$ 四个电力电子开关构成了 H 桥可逆脉冲宽度调制电路。VT_1 和 VT_4 同时导通或关断，VT_2 和 VT_3 同时通断，使电桥两端承受 $+U_s$ 或 $-U_s$。改变两组开关器件的导通时间，也就可以改变电压脉冲的宽度，得到电动机两端的电压波形，如图 4-24(b)所示。

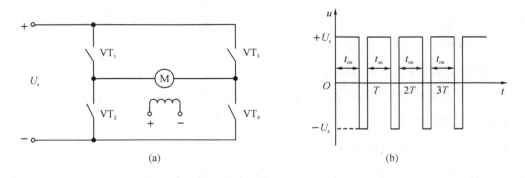

图 4-24　直流伺服电动机的双极性驱动原理及波形

如果用 t_{on} 表示 VT_1 和 VT_4 的导通时间，开关周期为 T，占空比为 ρ，则电动机电枢两端的平均电压为

$$U = \frac{t_{on}}{T} - \frac{T - t_{on}}{T} U_s = \left(\frac{2t_{on}}{T} - 1 \right) U_s = (2\rho - 1)U_s \qquad (4-11)$$

　　直流电动机双极性驱动芯片种类很多，如 SANYO 公司生产的 STK6877，是一款 H 桥厚膜混合集成电路；采用 MOSFET 作为它的输出功率器件。它一般可作为复印机鼓、扫描仪等各种直流电动机设备的驱动芯片。

　　图 4 - 25 所示为 STK6877 的应用电路。输入端是 A、B、PWM。A、B 不同状态的组合，可实现不同的功能。如 A 为高电平而 B 为低电平时，表示电动机处在正向旋转状态；A 为低电平而 B 为高电平时，表示电动机处于反向旋转状态。

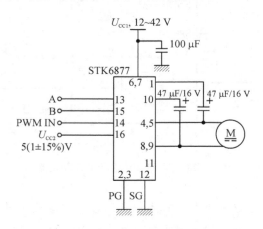

图 4 - 25　STK6877 的应用电路

4.4.4　直流伺服电动机的选用

　　直流伺服电动机具有精度高、响应快、调速范围宽等优点，广泛应用于半闭环或闭环伺服系统中。设计时应在对工艺、负载、执行元件、伺服电动机特性等特点进行分析的基础上，选择直流伺服电动机的型号。

　　1. 根据负载的转矩和功率选用

　　当工艺或负载要求恒转矩调速时，应选用电枢控制调速方法；要求恒功率调速时，选用励磁磁场控制调速法。

　　2. 根据执行元件的质量选用

　　小惯量直流伺服电动机适用于驱动小质量的传动元件和执行元件，或用于负载转矩和功率较小的场合。大惯量直流伺服电动机适用于驱动大质量的传动元件和执行元件，或用于负载转矩和功率较大的场合。

　　3. 根据直流伺服电动机的特性选用

　　图 4 - 26 所示是大惯性直流伺服电动机的机械特性曲线。图中曲线 a、b、c、d、e 是五条界线，a 为绝缘限温界线，b 为换相片出现火花界线，c 为换相片间电压限制转速界线，d

为永磁材料去磁特性限制转矩界线，e 为电动机机械特性曲线。这些曲线围成三个工作区：连续工作区、断续工作区和加(减)速工作区。选择直流伺服电动机时，应使不同工况时电动机的转速-转矩工作点落在相应的工作区内。

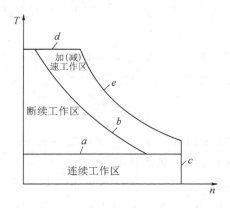

图 4-26　大惯量直流伺服电动机的机械特性曲线

4. 根据直流伺服电动机的结构特点选用

平滑电枢型直流伺服电动机广泛用于办公自动化、工厂自动化、国防工业、家用电器和仪表等领域；空心电枢型直流伺服电动机用于快速动作伺服系统，如机器人的腕、臂关节及其他高精度伺服系统；有槽电枢型直流伺服电动机一般用于需快速动作、功率较大的伺服系统。

4.4　交流伺服电动机

除直流伺服电动机外，还有交流伺服电动机。与直流伺服电动机相比，交流伺服电动机具有转速高、功率大、结构简单、运行可靠、体积小、价格低等系列优点；但从控制的角度看，交流电动机是一个多变量、非线性对象，其控制技术远比直流电动机复杂。

20 世纪 80 年代，随着集成电路、电力电子技术和交流可变速驱动技术的发展，永磁交流伺服驱动技术有了突出的发展，各国著名电气厂商相继推出各自的交流伺服电动机和伺服驱动器系列产品，并不断完善和更新。交流伺服系统具有与直流伺服系统相媲美的优异性能，而且其可靠性更高、高速性能更好、维修成本更低，交流伺服系统已成为当代高性能伺服系统的主要发展方向，原来的直流伺服系统面临被淘汰的危机。20 世纪 90 年代以后，世界各国已经商品化了的交流伺服系统采用的是全数字控制的正弦波电动机伺服驱动。交流伺服驱动装置在传动领域的发展日新月异。

4.4.1　交流伺服电动机的结构、分类及工作原理

交流伺服电动机按定子所接电源的相数，可分为单相交流伺服电动机、两相交流伺服电动机和三相交流伺服电动机。交流伺服电动机按转子转速分类，可分为异步伺服电动机和同步伺服电动机。

交流异步伺服电动机正常工作时是以低于同步转速的速度旋转的。这里所说的同步转速和加在电动机绕组的电源频率有着固定的关系，即

$$n_1 = \frac{60 f_1}{p} \tag{4-12}$$

式中，n_1——交流异步伺服电动机的同步转速（单位为 rad/min）；

$\qquad f_1$——加在电动机绕组上的电源的频率；

$\qquad p$——异步电动机的极对数（即定子磁场 N 极和 S 极的对数）。

交流异步伺服电动机的结构分为定子和转子两大部分。定子铁芯中安放定子绕组，产生所需的磁场。交流异步伺服电动机的转子可分为鼠笼式和绕线式，以鼠笼式居多。

鼠笼式转子的绕组与定子绕组大不相同。在转子的每个槽里放着一根导体，每根导体都比铁芯长；在铁芯的两端用两个端环把所有的导体都短路起来，形成一个自短路的绕组。如果把铁芯去掉，则其形状像个鼠笼。图 4-27 所示为鼠笼式转子示意图。

交流异步伺服电动机的主要优点是结构简单、容易制造、价格低廉、运行坚固耐用、运行效率较高，适宜大功率的传动。

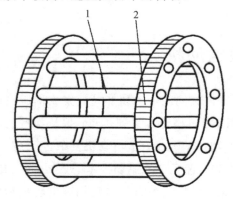
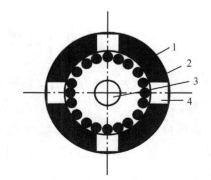

1—鼠笼条；2—短路环　　　　　　1—永磁体；2—转子导条；3—转轴；4—非磁性材料

图 4-27　鼠笼式转子示意图　　　　图 4-28　永磁式同步伺服电动机转子（径向）结构

交流同步伺服电动机是以同步转速旋转的。交流同步伺服电动机也由定子和转子两部分组成。同步伺服电动机的定子结构与一般异步电动机的相同。按转子结构的不同，同步伺服电动机分为永磁式、磁阻式和磁滞式三种。图 4-28 所示为永磁式同步伺服电动机的转子结构。从图中可以看出，这种同步伺服电动机的转子用的是永磁体，作用是把转子带入同步转速，转子导条用于解决启动问题。如果在电动机转轴上装有一台转子位置监测器，

由它发出信号来控制同步电动机的供电频率,这样就可以构成无刷直流电动机。本节重点讨论交流异步伺服电动机。

交流异步伺服电动机的工作原理如图 4-29 所示。转子和磁场之间的相对运动产生电磁转矩,使转子跟随磁场转动。在交流异步伺服电动机中,定子电流用于产生所要求的旋转磁场,相当于图中的永磁体。对三相异步伺服电动机来说,要求每相定子绕组有效匝数相同,并且在空间中互相间隔 120°。当对每相绕组通入幅值相同、相位互差 120°的正弦电流时,则三相电流将产生一个旋转的磁场。对于两相绕组,要求每相定子绕组有效匝数相同,空间互相间隔 90°。当每相绕组通入幅值相同、相位互差 90°的正弦电流时,也能产生旋转磁场。

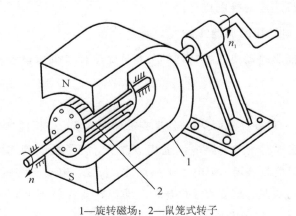

1—旋转磁场;2—鼠笼式转子

图 4-29　交流异步伺服电动机的工作原理

这里磁铁的转速就是前面提到的同步转速,鼠笼式转子是以低于同步转速的速度运行的。通常,同步转速 n_1 和电动机转子转速 n 之差与同步转速 n_1 的比值称为转差率,用 s 表示,有

$$s = \frac{n_1 - n}{n_1} \tag{4-13}$$

式中,s——一个无量纲的数,其大小反映电动机转子的转速。

交流异步伺服电动机的机械特性指的是在定子电压、频率和参数固定的条件下,电磁转矩 T 与转速 n(或转差率 s)之间的关系,即

$$T = \frac{mpU_1^2 \dfrac{R_2'}{s}}{2\pi f_1 \left[\left(R_1 + \dfrac{R_2'}{s} \right)^2 + (X_1 + X_2')^2 \right]} \tag{4-14}$$

式中,m——定子绕组相数;

　　　p——极对数;

　　　f_1——电源频率;

R_1、X_1、R_2'/s、X_2'——分别为定子侧电阻、漏电抗和转子侧等效电阻、漏电抗。

4.4.2 交流异步伺服电动机的控制

为了适应数字控制的发展趋势，运动控制系统中大多采用全数字式交流伺服电动机作为执行电动机。在控制方式上用脉冲串和方向信号实现。一般交流伺服电动机有三种控制方式：速度控制方式、转矩控制方式、位置控制方式。速度控制和转矩控制都是用模拟量来控制的。位置控制是通过发送脉冲来控制的。

在实际生产中，通常对伺服电动机位置和速度要求较多，所以用速度控制较多。下面对交流异步伺服电动机速度的控制进行介绍。

1. 交流异步伺服电动机的调速方法

通过对交流异步伺服电动机机械特性的分析，交流异步伺服电动机调速主要有以下三种方法。

1）定子调压调速

根据公式(4-14)，调节 U_1 的大小，会改变磁场的强弱，使鼠笼式转子产生的感应电动势发生变化，因而鼠笼式转子的短路电流也相应改变，转子所受到的电磁转矩也会发生变化。如果电磁转矩大于负载转矩，则电动机将加速；反之，电动机将减速。

定子调压调速的特点是：改变定子电压时，同步转速保持不变；最大电磁转矩 T 与定子电压 U_1 的平方成正比；定子电压越低，调速性能越好。

2）转子串电阻调速

这种方法是通过改变转子的电阻来实现调速的。从机械特性即公式(4-14)来看，电磁转矩 T 与转子等效电阻 R_2' 有非线性的关系，改变 R_2' 的大小会改变电磁转矩的值，从而实现调速。

转子串电阻调速的特点是：调速范围不大，调速的平滑性不好，很不经济。

3）变频变压调速

从机械特性即公式(4-14)来看，电磁转矩 T 和电源频率 f_1 有一定的关系，因此改变电源频率也可以实现调速。从原理上看，改变电源频率必然会使同步转速改变，因此转子转速也要相应发生变化。

在异步伺服电动机中，若忽略定子绕组的漏阻抗压降，则电源电压 U_1 与定子的感应电动势 E_1 相等，即

$$U_1 \approx E_1 = 4.44 f_1 \cdot N_1 \cdot \Phi$$

式中，f_1——电源频率；

N_1——定子绕组的有效匝数；

Φ——气隙每极基波磁通量。

若 U_1 不变，当 f_1 减少时，Φ 必然增大，使磁路饱和，励磁电流上升，这是不允许的。因

此在改变频率调速的同时，也要改变电源电压的大小，来维持电动机磁通不变，根据上式应保证 $\dfrac{U_1}{f_1}$ ＝常数。

变频变压调速具有很好的调速性能，所以这种调速方法用途很广。

2. 变频变压器

异步伺服电动机的变频变压调速需要同时能够控制频率和电压的交流电源。当电网提供的是恒压恒频的电源时，应该配置变频变压器。目前，市场上有各种变频产品，一般都具有变频变压的功能。

从整体结构上看，变压变频器可分为交-直-交和交-交两大类，前者由于在恒频交流电源和变频交流输出之间有一个中间直流环节，所以又称为间接式的变频变压器；后者不经过中间过程，因此又称为直接式变频变压器。

交-直-交型变频变压器主要由整流器、滤波器、功率逆变器和控制器等部分组成。图 4－30 所示的交-直-交型变频变压器整流器采用三相二极管桥式整流电路，可把交流电变成直流电；由于采用大容量的电容滤波，所以直流回路电压平稳，输出阻抗小，构成了电压型的变频器；功率逆变器由大功率开关晶体管组成，把直流电变成了频率可控的交流电。

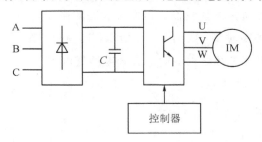

图 4－30　交-直-交型变频变压器原理图

3. 正弦波脉宽调制（SPWM）控制方式

目前，交流调速中应用最广的是"交-直-交"变换，一般采用 PWM（脉宽调制）逆变器。PWM 调制方法有很多种，在交流电机调速中最基本、应用最广泛的调制方法是 SPWM（Sinusoidal PWM，正弦波脉宽调制）和 SVPWM（空间矢量脉宽调制），使定子产生所需的旋转磁场，进而实现交流电机的速度控制。下面重点介绍 SPWM 控制的工作原理及工作过程。

采样控制理论中的一个重要结论是：冲量相等而形状不同的窄脉冲加在具有惯性的环节上时，效果基本相同。这里的冲量指的是脉冲的面积。根据这个原理，如图 4－31（a）所示，可以先把正弦波的正半周分割成五等份，这样就可以把正弦波看成由五个彼此相连的脉冲所组成的波形。这些脉冲宽度相等，而幅值不等。如果把上述脉冲序列用同样数量的等幅而不等宽的脉冲序列代替，就可得到图 4－31（b）所示的脉冲序列。像这种脉冲的宽度是按正弦规律变化的和正弦等效的 PWM 波形，称为 SPWM 波形。

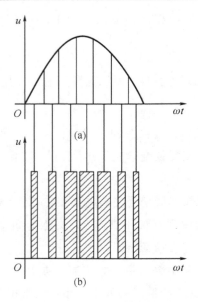

图 4-31　SPWM 基本原理

以正弦波作为逆变器输出的期望波形，以频率比期望波高得多的等腰三角形波作为载波，并用频率和期望波相同的正弦波作为调制波，当调制波与载波相交时，由它们的交点确定逆变器开关器件的通断时刻。如图 4-32 所示，当调制波高于三角波时，输出满幅度的高电平 $+U_d$；当调制波低于三角波时，输出满幅度的低电平 $-U_d$。

图 4-32 所示的 SPWM 为双极性的，即输出 $+U_d$、$-U_d$ 两种电平。除此之外，还有单极性输出、单极性输出 $\pm U_d$ 和 0 三种电平。

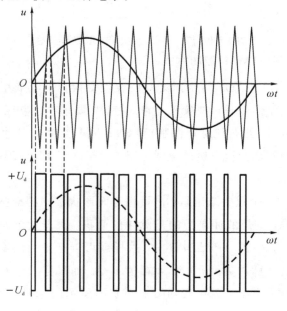

图 4-32　双极性 SPWM 波形

通常产生 SPWM 采用的方法主要有两种，一种是利用微处理器计算查表得到，这种方法常需复杂的算法；另一种是利用专用集成电路（ASIC）来产生 PWM 脉冲，不需或只需少许编程，使用起来较为方便。如交流电动机微控制器集成芯片 MC3PHAC，这是 MOTOROLA公司生产的高性能智能微控制器集成电路，是为满足三相交流电动机变速控制系统需求专门设计的。

MC3PHAC 芯片有 28 个引脚，其引脚排列如图 4 - 33 所示。

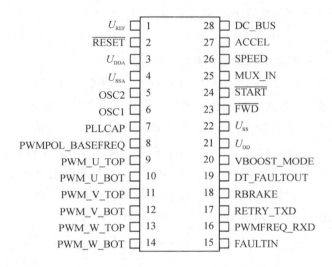

图 4 - 33　MC3PHAC 芯片引脚排列

MC3PHAC 有三种封装方式，如图 4 - 33 所示为 28 个引脚的 DIP 封装。MC3PHAC 主要由下列部分组成。

• U_{REF}——参考输入电压，这个引脚应该和 U_{DDA} 绑定在一起。

• $\overline{RESET}$ ——双向引脚，低电平有效，使芯片处于起始复位状态，可由内部复位源驱动。

• U_{DDA}——内部模拟部分提供电源。

• U_{SSA}——模拟部分返回电源。

• OSC2、OSC1——分别接振荡器，引脚 PLLCAP 接影响锁相环时钟电路稳定性和响应时间的电容器。

• PWMPOL_BASEFREQ——决定 PWM（脉宽调制）极性和基频。

• 9～14 脚——驱动三相逆变器六个晶体管的输出端。

• FAULTIN——错误中断输入端，高电平使六路输出处于高阻态。

• PWMFREQ_RXD——在孤立模式下是输出端，表明正在读模拟电压来定义输出频率，在 PC 主控软件模式下是串行接收端口。

- RETRY_TXD——在孤立模式下是输出端，表明处在读取错误发生之后 PMW 输出使能的等待时间，在 PC 主控软件模式下是输出串行数据端口。
- RBRAKE——输出高电平，表明直流电压超出限定范围。
- DT_FAULTOUT——输出端，在孤立模式下表明正在读取死区设置时间，在 PC 主控软件模式下低电平表明一个错误发生。
- VBOOST_MODE——在启动开始时对此端输入采样，来决定采取哪一种控制模式。
- U_{DD}、U_{SS}——分别是数字电源和数字地。
- $\overline{FDW}$ ——决定电动机的转向。
- $\overline{START}$ ——采样输入，决定电动机是否应该运行。
- MUX_IN、SPEED、ACCEL、DC_BUS——四脚在孤立模式下，初始化时是输出，表明 PWM 极性和基频；除此之外是模拟输入，用来定义 MC3PHAC 的运行参数。SPEED 为速度控制端，ACCEL 为加速度控制端，DC_BUS 为直流电压检测端。

MC3PHAC 的应用连接如图 4 - 34 所示。它根据输入参数，即速度、PWM 频率、总线电压和加速度等即时输出 PWM 波形。由于 MC3PHAC 输出的电流比较小，不足以驱动功率开关器件，因此它们与功率驱动电路之间还有栅极驱动接口电路，图中未示出。常用的如 IR 公司生产的 IR2085S、MOTOROLA 公司生产的 MC33198。

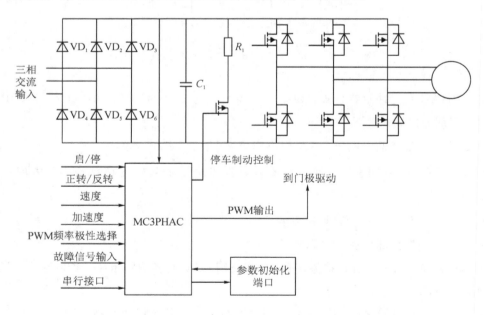

图 4 - 34　MC3PHAC 的应用连接

4.4.3　交流伺服电动机的选择

与直流伺服电动机相比，交流伺服电动机没有机械换向器和电刷，避免了换向火花的产生；转子的惯量可以做得很小，动态响应好；在同样体积下，输出功率可比直流电动机提高 10%～70%；同时又可获得和直流伺服电动机相同的调速性能。

交流伺服电动机在机电一体化系统中获得了广泛的应用。在选用交流伺服电动机时，要综合考虑工艺对转速、转矩的要求，电动机的特性、价格等因素。同步交流伺服电动机目前在数控机床、工业机器人等小功率场合得到了较广泛的应用，异步交流伺服电动机主要用于小功率控制系统中。

4.5　步进电动机

步进电动机又称脉冲电动机，它接收的是脉冲电信号，每接收一个脉冲，步进电动机相应转过一定的角度。它通常作为数字控制系统的执行元件。图 4-35 所示为步进电动机的功能示意图。

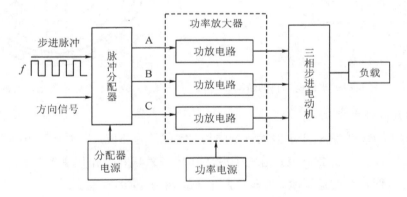

图 4-35　步进电动机功能示意图

步进电动机的角位移量或线位移量与脉冲数成正比，因此它的转速或线速度与脉冲频率成正比。在负载能力范围内，这些关系与电源电压、负载大小等因素无关，因此适合于在开环系统中作为执行元件。

4.5.1　步进电动机的分类、结构及工作原理

1. 步进电动机的分类和结构

步进电动机的分类方法很多，按运动方式，可分为直线式步进电动机和旋转式步进电动机；按励磁电源相数，可分为两相、三相、四相、五相等步进电动机；按各相绕组的排列方式，可分为径向分相式和轴向分相式；按力矩产生的原理，可分为反应式、永磁式和混合式。

1）反应式步进电动机

反应式步进电动机是利用凸极转子交轴磁阻和直轴磁阻之差所产生的反应转矩而转动

的，所以也称为磁阻式步进电动机。图4-36所示为三相反应式步进电动机的结构，其定子铁芯由硅钢片叠成，定子上有六个磁极（大齿），每个磁极上又有许多小齿。三相反应式步进电动机共有三套定子控制绕组，绕在径向相对的两个磁极上的一套绕组为一相，转子铁芯也由硅钢片叠成，沿圆周有许多小齿，转子上没有绕组。

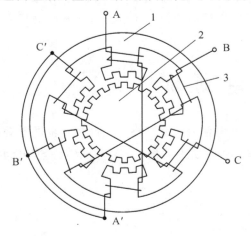

1—定子；2—转子；3—定子绕组

图4-36 三相反应式步进电动机的结构   图4-37 永磁式步进电动机的结构

2）永磁式步进电动机

图4-37所示为永磁式步进电动机的结构。其定子为凸极式，装有两相（或多相）绕组。转子也为凸极式，用永磁钢制成。由定子磁场和转子磁场相互作用来产生转子转矩，当定子绕组按A、B两相轮流通电时，转子将产生步距角为45°的转动。

3）混合式步进电动机

图4-38所示为混合式步进电动机的结构。这种步进电动机是反应式和永磁式的复合形式。它的定子结构与反应式步进电动机的基本相同，转子由环形永磁钢和铁芯组成，定子铁芯和转子铁芯上均开有小齿。这种结构既有反应式步进电动机小步 MNE 角的特点，又有永磁式步进电动机效率高的特点。

2. 步进电动机的工作原理

下面以反应式步进电动机为例来说明步进电动机的工作原理。

图4-39所示为一台三相反应式步进电动机的原理图。定子铁芯为凸极式，共有三对（六个）磁极，每对磁极由一相控制绕组控制，共有三相控制绕组，即 A-A′、B-B′ 和 C-C′。转子也采用凸极结构，只有四个齿。

当A相控制绕组通电，而其余两相均断电时，由于磁通具有企图走磁阻最小路径的特点，转子1、3被磁极吸引并与定子A相轴线对齐，如图4-39(a)所示；若A相断电，B相通电，转子在电磁力的作用下，逆时针转动30°，使转子2、4与B相轴线对齐，如图4-39(b)

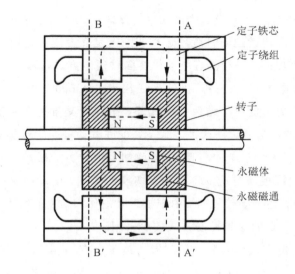

图 4 - 38　混合式步进电动机的结构

所示；若再断开 B 相，使 C 相控制绕组通电，转子再逆时针转过 30°，使转子 1、3 与定子 C 相轴线对齐，如图 4 - 39(c) 所示。不断改变 A、B、C 三相的通电顺序，步进电动机将逆时针连续旋转。

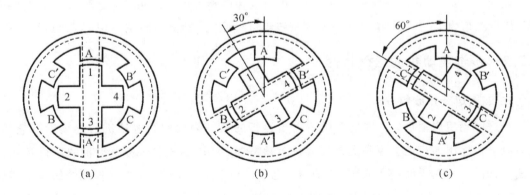

图 4 - 39　三相反应式步进电动机原理

　　每次换相步进电动机转子所转过的角度称为步矩角，上面讨论的步进过程，其步矩角为 30°。其计算公式为

$$\theta = \frac{360°}{cmz} \qquad\qquad (4 - 15)$$

式中，θ——步矩角；

　　　　m——步进电动机的相数；

　　　　z——步进电动机转子的齿数；

c——通电方式系数，$c=1$表示单拍或双拍方式，$c=2$表示单、双拍方式。

上面讨论的步进电动机的逆时针旋转运动实际上是在控制步进电动机相电源以某种方式接通或断开电源来完成的。三相步进电动机有多种通电方式，简单介绍如下。

（1）三相单三拍通电方式。"三相"指的是三相步进电动机，"单"指的是每次只有一相控制绕组通电；"三拍"指的是三次结束一个循环，第四次又重复第一次的情况。上面说明的是 A→B→C→A 的通电方式，在这种方式下，步进电动机逆时针旋转，步距角也为30°。当通电方式为 A→C→B→A 方式时，则步进电动机顺时针方向转动，步距角也为30°。在这种方式下每次只有一相绕组通电，在绕组电流切换的瞬间，电动机将失去自锁力矩，容易引起失步；另外，转子到达平衡位置时，由于缺乏阻尼作用，转子到达新的平衡位置时容易产生振荡，稳定性不好。目前这种控制方式较少采用。

（2）三相双三拍通电方式。这里的"双"指的是每次有两相绕组同时通电。这种控制绕组的通电方式为 AB→BC→CA→AB 或 AB→CA→BC→AB。由于也是三拍运行，故步距角与单三拍方式相同。这种方式有两相绕组同时通电，一相对转子有吸引作用，另一相则起到阻尼作用，当转子到达平衡位置时，由于阻尼的作用，不容易产生振荡，故采用这种方式时电动机工作比较平稳。

（3）三相单、双六拍通电方式。这种控制绕组的通电方式为 A→AB→B→BC→C→CA→A 或 A→AC→C→CB→B→BA→A。一相通电和两相通电间隔进行，这种方式是六拍控制，其步距角为15°。每一拍总有一相控制绕组持续通电，也具有阻尼作用，因此运行平稳。

4.5.2　步进电动机的运行特性

1. 连续运行矩频特性

步进电动机启动后，步进电动机不失步运行的最高频率称为电动机的连续运行频率，它与电动机输出转矩的关系称为连续运行矩频特性。90BF002型步进电动机的运行矩频特性曲线如图4-40所示，随着频率的升高，电磁转矩下降。其原因主要是控制绕组是呈感性的，它具有延缓电流变化的作用。通常外加的脉冲电压都是矩形波，而绕组中的电流不可能是矩形波，是有个过渡过程的。当控制脉冲频率升高时，绕组内电流平均值会不断下降，导致步进电动机输出的平均转矩降低。

2. 启动矩频特性和启动惯频特性

在一定的负载转矩下，步进电动机不失步地正常启动所能加的最高脉冲控制频率称为启动频率。启动频率与负载大小有关。由于步进电动机启动时除了克服负载外，还要克服转子的惯性转矩，因此启动频率一般比运行频率要低。启动频率（f）与负载转矩（T）的关系称为启动矩频特性，如图4-41所示为90BF002型步进电动机的启动矩频特性曲线。另外，在负载转矩一定时，转动惯量越大，转子速度的增加越慢，启动频率也越低，启动频率（f）

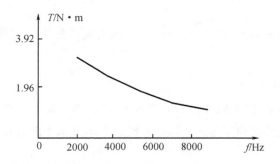

图 4-40　步进电动机的连续运行矩频特性曲线

与转动惯量（J_L）之间的关系称为启动惯频特性，如图 4-42 所示。

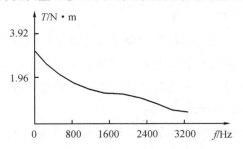

图 4-41　步进电动机的启动矩频特性曲线

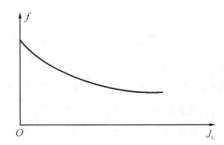

图 4-42　步进电动机的启动惯频特性曲线

3. 步进电动机的主要性能指标

1）最大静转矩

一般来说，最大静转矩较大的步进电动机可以带动较大的负载。负载转矩一般取最大静态转矩的 30%～50%。按最大静转矩的值的大小，步进电动机可以分为伺服步进电动机和功率步进电动机。前者输出力矩较小，有时需要经过力矩放大装置来带动负载，而功率步进电动机不需要力矩放大装置就能直接带动负载运动。

2）步距角

步距角的大小会直接影响步进电动机的启动和运行频率。外形尺寸相同的步进电动机，步距角小的往往启动快且运行频率比较高，但转速和输出功率不一定高。

3）静态步距角误差

静态步距角误差是指实际步距角与理论步距角之间的误差值，常用理论步距角的百分数或绝对值来衡量。若静态步距角误差小，则步进电动机的精度高。

4）启动频率和启动矩频特性

启动频率是步进电动机的一项重要指标。产品目录上一般都有空载启动频率的数据，但在实际中，步进电动机大都带负载启动。步进电动机的启动矩频及惯频特性曲线如图 4-41 和图 4-42 所示。

5）运行频率

连续运行频率通常是启动频率的 4～10 倍。提高运行频率对于提高生产率和系统的快速性有很大的实际意义。

4. 步进电动机的驱动

由于步进电动机接收的是脉冲信号，因此步进电动机需要由专门的驱动电源供电驱动，电源的基本部分包括变频信号源、脉冲分配器和脉冲功率放大器，如图 4-43 所示。

图 4-43　步进电动机驱动示意图

变频信号源是一个频率从几赫兹到几万赫兹连续变化的脉冲信号发生器。脉冲分配器的作用是根据运行指令把脉冲信号按一定逻辑关系分配到每一相脉冲放大器上，它一般由逻辑电路构成。从脉冲分配器输出的电流只有数毫安，不能直接驱动步进电动机，因此在脉冲分配器后需要连接功率放大器。功率放大器是每相绕组一套。

按功率放大器电路的不同，步进电动机驱动电路主要可分为单电压电路、双电压电路、恒流斩波电路、细分电路、调频调压电路等。

1）单电压电路

单电压电路即单一电源供电的电路。图 4-44 所示为单电压驱动电路。当有控制脉冲信号输入时，功率管 V 导通，控制绕组有电流流过；否则，功率管 V 关断，控制绕组没有电流流过。

为了减少控制绕组的时间常数，提高步进电动机的动态转矩，在控制绕组中串联电阻 R_n。R_n 同时也起限制电流的作用。电阻两端并联电容 C，是为了改善步进电动机控制绕组电流脉冲的前沿。二极管和电阻 R_f 构成了放电回路，用于限制功率管 V 集电极上的电压和保护功率管 V。

这种电路的最大特点是线路简单，功率元件少，成本低。由于 R_n 要消耗能量，因此这种电路工作效率低，一般只适于小功率步进电动机的驱动。

2）双电压电路（高低电压电路）

为了改善控制绕组中电流的波形，可以采用双电压电路。双电压电路原理如图 4-45 所示。当输入控制脉冲信号时，功率管 VD_1、VD_2 导通，低压电源由于二极管 VD_1 承受反向电压而处于截止状态，这时高压电源加在控制绕组上，控制绕组电流迅速上升。当电流上升到额定值时，利用定时电路使功率管 VD_1 关断，VD_2 仍然导通，控制绕组由低电压电源供电，维持其额定电流。

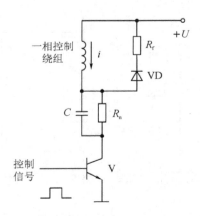

图 4-44 单电压驱动电路

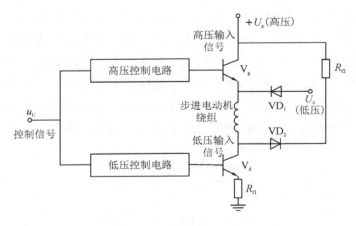

图 4-45 双电压电路原理

双电压电路可以改善输出电流的波形,所以电动机的矩频特性好,启动和运行频率得到了很大的提高。其主要缺点是低频运行时输入能量过大,造成步进电动机低频振荡加重,同时电源的容量也增大。

3)恒流斩波电路

恒流斩波功放是利用斩波方法使电流恒定在额定值附近,如图 4-46 所示。从提高高频工作性能及电源效率的角度看,恒流斩波功放电路可以采用较高的电源电压,同时无需外接电阻来限定额定电流和减小时间常数,但是由于电流波形呈锯齿形,驱动时会有较大的电磁噪声。

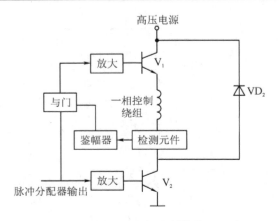

图 4 - 46　恒流斩波电路原理

这种电路相当于在原来的双电压电路基础上多加了一个电流检测控制线路，因而可以根据绕组电流来控制高压电源的接通和断开。如图 4 - 47 所示，当分配器输出脉冲信号时，低压管 V_2 饱和导通，而高压管 V_1 受到与门输出的限制。当绕组中的电流小于要求的电流时，鉴幅器输出高电平，使与门打开，与门输出经电流放大后迫使 V_1 管导通，高压电源输入，绕组电流上升；当电流上升到峰值电流时，鉴幅器输出低电平，与门关闭，V_1 管截止，高压电源被切断；当电流下降到谷点电流时，鉴幅器输出高电平，使 V_1 管再次导通。这样依靠高压管的多次接通和关断，绕组电流波形维持在额定值 I_0 附近。

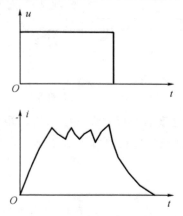

图 4 - 47　恒流斩波电流波形

4）细分电路

步进电动机的制造受到工艺的限制，它的步距角是有限的。在实际中，有些系统往往要求步进电动机的步距角必须很小才能满足要求。如数控机床为了提高加工精度，要求脉冲当量为 0.01 mm/脉冲，因此一般的步进电动机驱动方式对此无能为力。为了能满足要求，可以采用细分的驱动方式。所谓细分的驱动方式，就是把原来的一步再细分为若干步，使步进电动机的转动近似为均匀运动，并能在任何位置停止。为此，可将原来的矩形脉冲电流改为阶梯波电流，如图 4 - 48 所示，电流每上一个阶梯，步进电动机转动一个角度，步距角就减小了很多。

实现阶梯波通常有两种方法：一种是对细分方波先放大后叠加，另一种是对细分方波先叠加后放大。前一种方法将使电路中功率元件增加，但元件容量成倍降低，结构简单，容易调整，适合于中、大功率步进电动机的驱动；后一种方法的电路中功率元件少，但元件容量大，适合于小功率步进电动机的驱动。

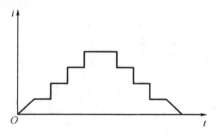

图 4 - 48　电流细分波形

5）调频调压电路

步进电动机低频时因绕组电流过大而易产生振荡，高频时由于注入电流减少而导致转矩下降，因此，理想情况下希望实现低频低压或高频高压运行。这种方法的思路是：当步进电动机低频运行时调低供电电压，高频运行时调高供电电压，使绕组电压随着电动机的转速变化而变化。

步进电动机驱动电路的另外一种分类方法是根据驱动电流方向分类，可分为单极性驱动电路和双极性驱动电路。在单极性驱动电路中，电流只沿一个方向流过步进电动机绕组；在双极性驱动电路中，电流将会沿两个方向流过步进电动机的绕组。由于步进电动机控制集成电路的发展，步进电动机控制越来越方便，下面就以双极性步进电动机控制芯片为例，介绍集成驱动电路的应用。

双极性驱动芯片 LB1945H 是 SANYO 公司生产的单片双 H 桥驱动器，适合于驱动双相步进电动机，采用 PWM 电流控制，可实现四拍、八拍通电方式的运转，图 4 - 49 所示为其内部结构。

图中，$OUTA_-$、OUTA、OUTB、$OUTB_-$ 为输出端，接两相步进电动机线圈。PHASE1、PHASE2 为输出相选择端，如果为高电平，OUTA = H，$OUTA_-$ = L；如果为低电平，OUTA＝L；$OUTA_-$＝H。IA1、IA2、IB1、IB2 为逻辑输入端，设定输出电流值。U_{REF1}、U_{REF2} 为输出电流设定参考电压。LB1945H 的典型应用电路如图 4 - 50 所示。

LB1945H 利用从上位机传来的控制指令 PHASE、IA1、IA2（IB1、IB2）数字输入和 U_{REF1}（U_{REF2}）模拟电压输入的不同组合，得到所需要的通电方式和预定的电流值。由 PHASE 控制 H 桥输出的电流方向，由 IA1、IA2（IB1、IB2）数字输入得到输出电流值比例的四种选择：1、2/3、1/3、0。从 U_{REF1}（U_{REF2}）输入的模拟电压可在 1.5～5 V 范围内连续变化。LB1945H 从外接传感器电阻 R_s 获得电流反馈，由 PWM 电流闭环控制，使输出电流跟踪输入的要求。

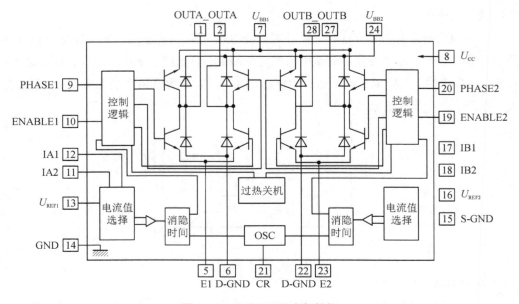

图 4-49　LB1945H 内部结构

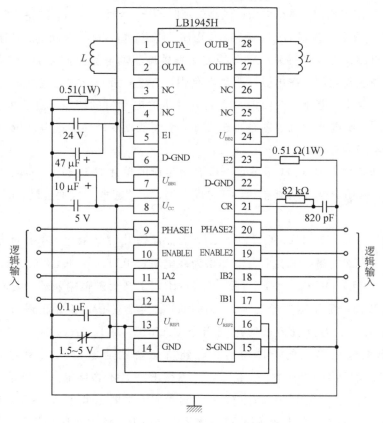

图 4-50　LB1945H 的典型应用电路

5．电动机的选择

1）电动机结构形式的选择

可根据使用环境来选择电动机的结构形式：

（1）在正常环境条件下，一般采用防护式电动机；在粉尘较多的工作场所，采用封闭式电动机。

（2）在湿热带地区或比较潮湿的场所，应尽量采用湿热带型电动机。

（3）若在露天场所使用，应采用户外型电动机；若有防护措施，也可采用封闭式或防护式电动机。

（4）在高温工作场所，应根据环境温度，选用相应绝缘等级的电动机，并加强通风来改善电动机的工作条件。

（5）在有爆炸危险的场所，必须选用防爆型电动机。

（6）在有腐蚀气体的场所，应选用防腐式电动机。

2）电动机类型的选择

（1）不需要调速的机械装置应优先选用笼型异步电动机。

（2）对于负载周期性波动的长期工作机械，宜用绕线型异步电动机。

（3）需要补偿电网功率因数及获得稳定的工作速度时，优先选用同步电动机。

（4）只需要几种速度，但不要求调速时，选用多速异步电动机，采用转换开关等来切换所需要的工作速度。

（5）需要大的起动转矩和恒功率调速的机械，宜选用直流电动机。

（6）起制动和调速要求较高的机械，可选用直流电动机或带调速装置的交流电动机。

（7）需要自动伺服控制的情况下，需要选择伺服电动机。

3）电动机转速的选择

电动机转速应符合机械传动的要求。在市电标准频率（50 Hz）作用下，由于磁极对数不同，异步电动机同步转速有 3000 rad/min、500 rad/min、1000 rad/min、750 rad/min、600 rad/min 等几种。由于存在转差率，其实际转速比同步转速低 2%～5%。

（1）对于不需要调速的机械，一般选用与之转速接近的电动机，这样电动机就可以方便地与机械转轴通过联轴器直接连接。

（2）对于不需调速的低转速的传动，一般选用稍高转速的电动机，通过减速机来传动，但电动机转速不应过高。一般，可优先选用同步转速为 1500 rad/min 的电动机，因为在这个转速的电动机适应性最好。

（3）对于需要调速的机械，电动机最高转速应与机械最高转速相适应，可以直接传动或通过减速机构传动。

习　　题

4-1　试举出几个具有伺服系统的机电一体化产品实例，分析其伺服系统的基本结构，指出其属于何种类型的伺服系统。

4-2　简述直流伺服电动机的基本工作原理。

4-3　简述常用的执行机构装置及其特点。

4-4　简述直流伺服电动机的基本工作原理。

4-5　什么是直流伺服电动机的机械特性？直流伺服电动机的机械特性有何特点？

4-6　试推导直流伺服电动机的动态特性，指出直流伺服电动机的动态特性属于几阶环节。

4-7　直流电动机有哪些调速方法？

4-8　什么是直流电动机单极性驱动方式和双极性驱动方式？它们之间有什么区别？

4-9　有一台四相反应式步进电动机，其步距角为 $1.8°/0.9°$。问：其转子齿数为多少？当 A 相绕组测得的电源频率为 400 Hz 时，其转速为多少？

4-10　步进电动机有哪些性能指标？

4-11　简述步进电动机细分驱动电路的原理。

4-12　举出步进电动机所用的驱动芯片，查找芯片手册，试构成步进电动机驱动电路。

4-13　简述直流伺服电动机、交流伺服电动机和步进电动机的优、缺点。

4-14　简述交流异步伺服电动机的工作原理。

4-15　简述 SPWM 控制的工作原理。

4-16　试述转差率分别为 $s>1$、$0<s<1$ 时异步电动机的工作状态。

4-17　异步伺服电动机的调速方法有哪些？

第 5 章　控制系统及接口设计

　　机电一体化产品的控制系统种类繁多，但基本结构和功能是相同的。以微控制器为基础的数字式控制是控制系统实现的主要形式。

　　本章重点阐述以单片机和 PLC 为核心的控制系统的设计。单片机控制系统的设计又以接口设计为主，通过接口设计协调人与机、机与电之间的关系；对于 PLC 控制系统设计，主要介绍 PLC 编程方法，以及它在顺序控制中的应用。

　　学习本章之前需具备 51 系列单片机汇编语言设计和 PLC 的基础知识。

5.1　概　　述

5.1.1　控制系统基本构成

　　控制系统是机电一体化产品中的重要组成部分，主要实现控制、协调和信息处理功能。应用于不同被控对象的控制装置在原理和结构上往往具有很大差异，控制系统的构成也千变万化，但一般来讲，各控制系统的基本构成是相同的。控制系统是由控制装置、执行机构、被控对象及传感与检测装置所组成的整体，其基本构成如图 5-1 所示。

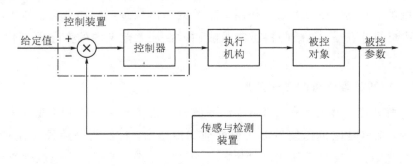

图 5-1　控制系统的基本构成

　　以控制系统（微电子系统）为出发点，机电系统中各要素与子系统的相接处必须具备一定的联系条件，这种联系条件就是接口。接口有联系机械系统与微电子系统（控制系统），对两者进行调整、匹配和缓冲的机电接口；有联系操作者与机电系统（主要是控制系统），负责两者之间信息交换的人机接口。从接口的概念出发，机电一体化系统的组成如图 5-2 所示。

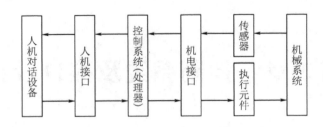

图 5-2　机电一体化系统基本构成

从某种意义上说，接口性能是系统综合性能优劣的决定性因素。接口的设计既是系统集成的要素，也是控制系统设计的主要内容之一。

5.1.2　控制系统的分类

被控对象从简单到复杂，千变万化，机电一体化产品所采用的控制系统的形式也各有不同。

控制系统常见的分类方法如下。

1. 按控制器所依据的判定准则分类

按控制器所依据的判定准则，即被控对象的状态函数，可将控制系统分为顺序控制系统和反馈控制系统。前者依据时间、逻辑、条件等顺序决定被控对象的运行步骤，如组合机床的控制系统；后者依据被控对象的运行状态决定被控对象的变化趋势，如闭环控制系统。

2. 按系统输出的变化规律分类

按系统输出的变化规律，可将控制系统分为镇定控制系统、程序控制系统和随动系统。镇定控制系统的特点是，在外界干扰下系统输出仍基本保持为常量，如恒温调节系统等。程序控制系统的特点是，在外界条件作用下系统的输出按预定程序变化，如机床的数控系统等。随动系统的特点是，系统的输出能跟随输入在较大范围内的变化而变化，如炮瞄雷达系统等。

3. 按系统中所处理信号的形式分类

按系统中所处理信号的形式，可将控制系统分为连续控制系统和离散控制系统。在连续控制系统中，信号是以模拟信号形式被处理和传递的，控制器采用硬件模拟电路实现。在离散控制系统中，主要采用计算机对数字信号进行处理，控制器是以软件算法为主的数字控制器。

4. 按被控对象自身的特性分类

按被控对象自身的特性，可将控制系统分成线性系统与非线性系统、确定系统与随机系统、集中参数系统与分布参数系统、时变系统与时不变系统等。

5.1.3　控制系统的设计内容

控制系统设计的基本方法是，把系统中的所有环节都抽象成数学模型进行分析和研究，其结果作为控制方案选择及控制器设计的依据，保证各环节在系统整体的要求下匹配和统筹设计。

从时间角度来看，控制系统设计的内容包括基本设计和工程设计两大部分。基本设计的主要内容是确定控制方案，并在理论上进行系统性能分析和优化，与机电一体化产品总体设计同步进行；工程设计的主要内容是控制系统的详细设计，是基本设计中确定的控制方案的实现过程，包括系统中的控制装置、执行机构、检测与反馈装置的选择和相关软硬件设计，以及各种接口的选择和设计。执行机构、检测与反馈装置等的选择和设计已在前面的章节中论述，本章着重介绍控制装置和接口的选择及设计。

5.2　单片机接口及控制系统设计

单片机控制系统属于数字控制系统。与模拟控制系统不同，单片机控制系统需要将反映控制对象的模拟信号通过 A/D 转换器转换成单片机能够识别的数字信号，然后通过软件算法计算出控制量，最后经过 D/A 转换器把控制信号输出到执行器上。单片机控制系统基本组成如图 5-3 所示。

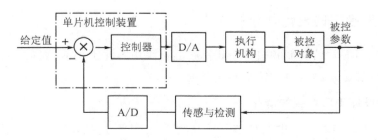

图 5-3　单片机控制系统基本组成

设计单片机控制系统的关键在于单片机接口电路设计和控制算法的设计。下面以 89S51 单片机为例，介绍这两个方面的内容。

5.2.1　单片机接口的作用和功能

单片机接口主要负责接收、解释并执行 CPU 发出的命令，传送外设的状态及进行双方的数据传输，管理双方的工作逻辑，协调它们的工作时序。总之，单片机接口作为 CPU 与外设之间的一个界面，可使双方有条不紊地协调工作，从而完成 CPU 与外界的信息交换。

按 CPU 与外界交换信息的要求，一般来讲，单片机接口应具有如下功能：

（1）数据缓冲功能。接口中一般都设置有数据寄存器或锁存器，以解决高速 CPU 和低速外设之间的匹配问题，避免丢失数据。另外，这些锁存器常常有驱动作用。

（2）设备选择功能。单片机控制系统中通常有多个外设，而 CPU 在同一时间只能与一台外设交换信息，这就要借助于接口的地址译码对外设寻址，进行选择。

（3）信息转换功能。由于外设所能提供和所需要的各种信号常常与单片机控制系统的总线信号不能兼容，因此信号转换不可避免，这是接口设计中一个很重要的方面。通常遇到的信号变换包括信号的电平转换、A/D 和 D/A 转换、串/并和并/串转换、数据宽度变换等。

（4）接收、解释并执行 CPU 命令的功能。CPU 向外设发送各种命令时，都是将命令以代码的形式先发送到接口电路，然后由接口电路解释后，形成一系列控制信号发送到外设（被控对象）。为了实现 CPU 与外设之间的联络，接口电路还必须提供一些状态信号。

（5）中断管理功能。当外设需要及时得到 CPU 的服务时，例如，在出现故障，要求 CPU 进行及时处理时，就应该在接口中设置中断控制逻辑，由它向 CPU 提出中断请求，进行中断优先级排队，接收中断响应信号及向 CPU 提供中断向量等有关中断事务工作，这样除了能使 CPU 实时处理紧急情况外，还能使快速 CPU 与慢速外设并行工作，从而提高 CPU 的效率。

（6）可编程功能。为使接口具有较强的通用性、灵活性和可扩充性，现在的接口多数是可编程的。这样在不改变硬件的条件下，只改变驱动程序就可以改变接口的工作方式和功能，以适应不同的用途。

需要注意的是：上述功能并非每个芯片都同时具备，对不同的配置和不同用途的单片机系统，其接口的功能和实现的方式有所不同。

5.2.2　单片机接口的设计与分析方法

尽管各种接口芯片的功能和引脚不相同，但在使用方法上仍有共同之处，使用这些芯片进行接口设计和分析的基本方法也是相同的。

1. 分析和设计接口两侧的情况

接口作为 CPU 与外设的中间环节，一方面要与 CPU 连接，另一方面要与外设连接。对 CPU 一侧，要弄清 CPU 的类型和引脚的定义，如数据线的宽度、地址范围、端口资源等。对 89S51 而言，它所提供的数据宽度为 8 位；89S51 的地址线是 16 位的，所以寻址空间范围是 64K，其中，P0 口和 P2 口分别提供低 8 位地址和高 8 位地址；除了 P0 口和 P2 口外，89S51 的 P1 口可作为双向 I/O 口使用。另外，89S51 外设和外部存储器不分开寻址，因此设计外设接口时，要避免外设地址与外部存储器地址相冲突。除此之外，还要考虑逻辑关系和时序上的配合。

对于外设一侧，连接线只有三种：数据线、控制线和状态线。设计和分析的重点应该放在控制和状态线上，因为接口上的同一引脚接不同外设时作用可能不同。

2. 进行适当的信号转换

有些接口芯片的信号线可直接与 CPU 系统连接，有些信号线则需要经过一定的处理。

这种处理包括逻辑上、时序上或电平上的，特别是接外设一侧的信号线，由于外设需要的电平常常不是 TTL 电平，而且要求有一定的驱动能力。因此大多数情况下，接口输出信号要经过一定的转换后才能连接。

3. 接口驱动程序分析与设计

现在使用的接口芯片多数是可编程的，因此设计接口不仅仅是硬件上的问题，而且还包括编写驱动程序。编制驱动程序可按照以下三个步骤进行。

（1）熟悉接口芯片编程方法，如控制字各位的含义、控制字的使用顺序等。

（2）根据具体的应用场合确定接口的工作方式，包括 CPU 与外设的数据传送方式和接口本身的工作方式。

（3）根据硬件连接关系编写驱动程序，包括接口初始化程序和接口控制的输入/输出工作程序。

5.2.3 常用单片机接口设计

本部分主要介绍几种常用的单片机接口设计方法，例如独立式键盘输入接口、LED 显示接口、A/D 转换接口和功率接口等常用的外设接口电路。

1. 独立式键盘输入接口设计

少数按键可以以独立方式接在 89S51 的 P1、P2、P3 口的任一端上。读入这些端子的状态即可知道键是否已按下。由于任何机械触点在接通或断开瞬间会产生一个抖动过程，对常用的按键来说。这一时间为 1～3 ms（见图 5 - 4）。因此，在程序中读入这些端子的状态时，发现是逻辑"0"后，还应延时 5～10 ms 后再次判读，以去除抖动，然后等按键放开后再执行指定程序，避免一次按键重复多次执行程序。

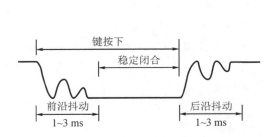

图 5 - 4 机械触电抖动过程

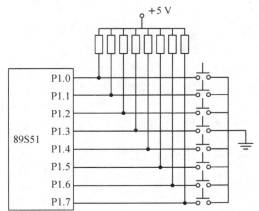

图 5 - 5 键盘硬件电路

例 如图 5 - 5 所示，P1.0～P1.7 接 8 个按键。要求按一个键，则进入对应的程序段。

分析：判断是否有键按下，若有键按下则去除抖动，然后把 P1 口值循环移入进位，来确定哪一个键被按下。其程序流程图如图 5-6 所示。

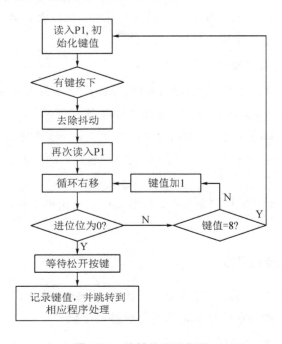

图 5-6　按键处理流程图

参考源程序如下：

```
TEST:     MOV    A, P1
          CJNE   A, #FFH, DELAY    ; P1≠FFH, 有键按下
          AJMP   TEST              ; P1 = FFH, 无键按下, 再测
DELAY:    ACALL  DELAY             ; 延时 5～10 ms
          MOV    R2, #00H          ; 键寄存器初值
          MOV    A, P1             ; 再次读入 P1 口状态
LOOP:     RRC    A                 ; A 最低位移入进位
          JNC    FOUND             ; 进位位为 0, 找到按键
          INC    R2                ; 键值加 1
          CJNE   R2, #08H, LOOP    ; 键值≠08H, 则继续找
          AJMP   TEST              ; 未找到, 则是一次无效按键
FOUND:    MOV    A  P1
          CINE   A, #FFH, FOUND    ; 等键放开
          MOV    A  R2
          ADD    A  R2             ; 键值乘 2
          MOV    DPTR  # FIRST     ; 设置跳转首地址
          JMP    @A+ DPTR
```

2. LED 显示接口电路设计

1）LED 显示器

LED 显示器由 8 段发光二极管组成，如图 5-7 所示。当发光二极管导通时，相应的一个段发亮。控制不同组合的二极管导通时，就能显示出不同的字符。这种显示器有共阴极和共阳极两种。共阴极 LED 显示器的发光二极管的阴极连接在一起，如图 5-8(a)所示，通常是其公共阴极接地，当某个发光二极管的阳极为高电平时，发光二极管点亮，相应的段即显示。同样，共阳极 LED 显示器的发光二极管的阳极连接在一起，如图 5-8(b)所示，通常是其公共阳极接正电压，当某个发光二极管的阴极接低电平时，发光二极管被点亮，相应的段即显示。

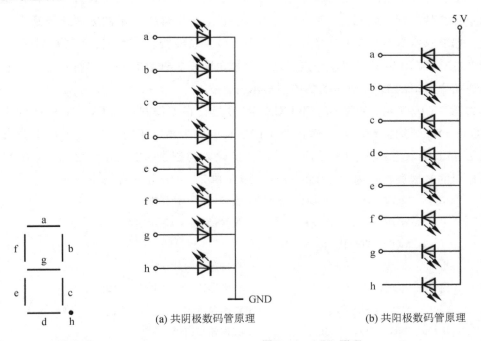

(a) 共阴极数码管原理　　　　　　(b) 共阳极数码管原理

图 5-7　LED 字段　　　　　　　　　　　　　图 5-8　LED 原理

LED 显示器所显示的字形（包括小数点 h）是由字形代码确定的。字形代码可用一个字节来表示，如图 5-9 所示。例如，当共阴极数码管 a、b、c、d、e、f 导通，g、h 截止时，显示数字 0，这时字形代码为 3F。共阴极 LED 的字形代码列于表 5-1 中，共阳极 LED 的字形代码取该表 5-1 中的反码即可。

D_7	D_6	D_5	D_4	D_3	D_2	D_1	D_0
h	g	f	e	d	c	b	a

图 5-9　字形代码格式

表 5 - 1　共阴极 LED 的字形代码

显示内容	字形代码	显示内容	字形代码	显示内容	字形代码	显示内容	字形代码
0	3F	4	66	8	FF	C	B0
1	6	5	3D	9	67	D	5E
2	5B	6	FB	A	E7	E	79
3	4F	7	07	B	7C	F	71

2）LED 显示接口电路设计

单片机与 LED 显示器的连接分为静态显示连接和动态显示连接。LED 显示器静态显示时，较小的电流能得到较高的亮度且字符不闪烁。在单片机系统设计中，静态显示通常利用单片机的串行口实现。当显示器位数较少时，采用静态显示的方法比较适合。N 位静态显示器要求有 N×8 根 I/O 接口线，占用 I/O 接口线较多。动态显示则是利用人眼"视觉暂留"效应，将 LED 显示器逐个点亮，显示器在同一时刻只有一个字符在显示。下面通过实例介绍串行口的 LED 显示器的静态显示。

如图 5 - 10 所示，89S51 内部 TXD、RXD 运行在工作方式 0 下，74LS164 为移位寄存器，Q0～Q7 为移位寄存器输出端，在 CLEAR 引脚为高电平时，在 CLK 的上升沿把串行输入 A 和 B 的状态移入。P3.3 用于显示器的输入控制，在启动显示之前，应将其置"1"。如要显示的数据放在片内 RAM 的 58H～5FH 单元，显示子程序如下：

```
DIR:    MOV   R7,   ♯08H        ；循环计数指针长度
        MOV   R0,   ♯5FH        ；先送最后一个显示字符
        MOV   DPTR, ♯2000H
DL0:    MOV   A, @RO            ；取待显示的数据
        MOVC A, @A+ PC          ；查字形码表，取出显示代码
        MOV   SBUF, A           ；送出显示
DL1:    JNB   TI,   DL1         ；查询输出完否
        CLR   TI                ；已完，清中断标志
        DEC   R0                ；再取下一个数据地址
        DJNZ  R7,   DL0         ；8 位送完，停止发送脉冲
        CLR   P3.3
        RET
        ORG   2000H
TBT:    DB    C0H,   F9H,   A4H,
TBL1:   DB    B0H,   99H,   92H,
TBL2:   DB    82H,   F8H,   804H,
TBL3:   DB    90H,   00H,   00H,
```

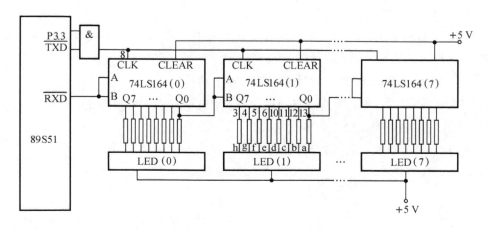

图 5 - 10　LED 静态接口示意图

3. A/D 转换接口电路设计

A/D 转换电路的功能是将连续变化的模拟量信号转换成数字信号。ICL7109 是美国 INTERSIL 公司生产的双积分式 12 位 A/D 转换器，如图 5 - 11 所示。

1) 主要技术指标

(1) 分辨率：12 位；

(2) 噪声：15 μV(峰-峰值)；

(3) 温漂：1 μV/℃；

(4) 输入阻抗：根据实际确定，单位为 Ω；

(5) 转换速率：7.5 次/秒(时钟为 3.58 MHz)；

(6) 输出方式：12 位二进制码。

2) 主要引脚说明

(1) B1～B12：A/D 转换的具有三态的输出数据。

(2) $\overline{\text{LBEN}}$：低电平使能端，当 MODE 和 $\overline{\text{CE}}/\overline{\text{LOAD}}$ 均为低电平时，此信号将作为低位字节(B1～B8)输出选通信号；当 MODE 为高电平时，此信号将作为低位字节输出。

(3) $\overline{\text{HBEN}}$：高字节使能端，当 MODE 和 $\overline{\text{CE}}/\overline{\text{LOAD}}$ 均为高电平时，此信号将作为高位字节(B8～B12)以及 POL、OR 输出的辅助选通信号；当 MODE 为高电平时，此信号将作为高位字节输出而用于信号交换方式。

(4) $\overline{\text{CE}}/\overline{\text{LOAD}}$：片选端，当 MODE 为低电平时，它是数据输出的主选通信号。当该引脚为低电平时，数据正常输出；当该引脚为高电平时，则所有数据输出端(B1～B12、POL、OR)均处于高阻状态。

(5) MODE：方式选择位，当输出低电平信号时，转换器为直接输出方式。此时，可在片选和数据使能的控制下直接读取数据。当输出高电平脉冲时，转换器处于 UART 方式，并在输出两个字节的数据后，返回到直接输出方式。当输入高电平时，转换器将在信号交换方式的每一转换周期的结尾输出数据。

（6）STATUS：ICL7109 状态信号，输出，高电平表示 A/D 正在转换，低电平表示转换结束。

（7）OSC IN 和 OSC OUT：时钟输入端和输出端。

（8）RUN/$\overline{\text{HOLD}}$：高电平表示启动连续转换；低电平表示转换停止。

（9）POL：高电平表示接受正极性输入。

（10）OR：高电平表示数据超出范围。

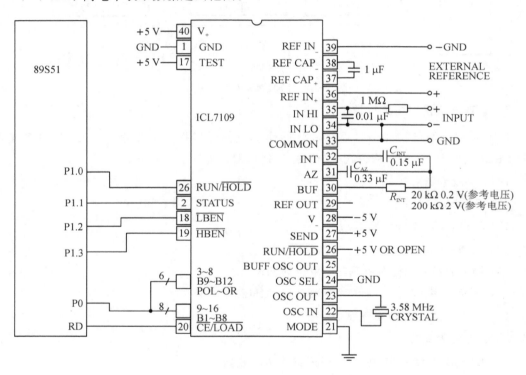

图 5-11　ICL71091 引脚及连接示意图

例 5-1　ICL7109 硬件连接如图 5-11 所示。要求完成一次 A/D 转换，并把转换数据高字节存入 30H，数据低字节存入 31H 中。

分析：由硬件连接图可知，ICL7109 工作在直接输出模式（直接输出模式时序见图 5-12）。89S51 的 P1.0～P1.3、RD 信号作为控制信号，P0 口作为数据交换口。

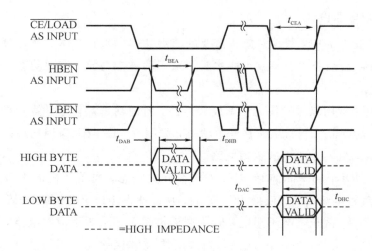

图 5-12　ICL7109 直接输出模式时序

由直接输出模式读 A/D 转换数据，参考程序如下：

```
                AND     P1，＃FEH         ；停止转换
                AND     P3，＃7FH         ；片选 ICL7109
                AND     P1，＃F7H
                OR      P1，＃01H         ；启动转换
                MOV     A，P1
                AND     A，＃02H
LOOP1：         JB      NEXT1
                JMP     LOOP1            ；等待转换结束
NEXT1：         MOV     A，P0
                AND     A，＃0FH         ；读入高 4 位数据
                MOV     30H，A           ；数据存储
                OR      P3，＃80H；
                OR      P1，＃08H
                AND     P1，＃FBH
                AND     P3，＃7FH；
                MOV     A，P1
                AND     A，＃02H
LOOP2：         JB      NEXT2            ；等待转换结束
                JMP     LOOP2            ；读入低 8 位数据
NEXT2：         MOV     A，P0            ；数据存储
                MOV     31H，A           ；停止转换
                AND     P1，＃FEH
                RET
```

4. 功率接口电路设计

在机电一体化产品中，被控对象所需要的驱动功率一般比较大，而计算机发出的控制信号的功率很小，必须经过功率放大后才能用来驱动被控对象。实现功率放大的接口电路称为功率接口电路。

功率接口电路常用晶体管作为功率放大器件。所谓功率晶体管，就是指在大功率范围应用的晶体管。功率晶体管常工作在开关状态，如图 5－13 所示为用功率晶体管作功率放大器件的步进电动机一相绕组的驱动电路。

如图 5－13 所示，功率晶体管 VT_1 工作在开关状态，当单片机的 I/O 口输出高电平时，经过 7407 进行电流放大，使得 VT_1 导通，从而使得步进电动机线圈 W 通电。当 P1.0 输出低电平时，VT_1 截止，W 不通电。R_c 为限流电阻，VD_1 为续流二极管，因步进电动机绕组 W 是一个感性负载，当 VT_1 从饱和到截止时，绕组会产生一个很大的反电动势。这个反电动势和电源 U_{cc} 叠加在 VT_1 的集电极上，很容易使 VT_1 击穿。将续流二极管 VD_1 反向接在 VT_1 的集电极和电源 U_{cc} 之间，使得 VT_1 在截止瞬间，W 上产生的反电动势通过 VD_1 续流，从而保护 VT_1 不受损坏。

光电耦合器是把发光二极管和光敏晶体管或光敏晶闸管封装在一起，通过光信号实现电信号传递的器件。由于光耦合输入和输出之间没有直接的电气连接，电信号是通过光信号传递的，所以也称为光隔离器。其电气符号如图 5－14 所示。

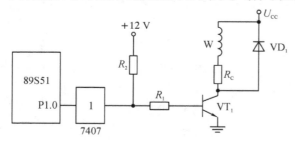
图 5－13　功率接口电路

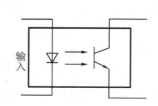
图 5－14　光电耦合器的电气符号

光电耦合器具有以下特点：

（1）光电耦合器的信号传递采取电-光-电的形式，发光部分和受光部分不接触，因此其绝缘电阻高达 1010 Ω 以上，并能承受 2000 V 以上的高压。被耦合的两个部分可以自成系统而不"共地"，能够实现强电和弱电的电气隔离。

（2）光电耦合器的发光二极管是电流驱动器件，能够吸收尖峰干扰信号，所以具有很强的噪声抑制能力。

（3）光电耦合器作为开关应用时，具有耐用、可靠性高和高速的优点，响应时间一般为微秒级，高速型可达纳秒级。

如图 5－15 所示为 89S51 单片机通过光耦合器控制步进电动机的接口电路。在这种场合应用时，应考虑两个参数：电流传输比和时间延迟。电流传输比是指光敏晶体管的集电极电流与发光二极管电流之比。不同结构的光耦合器的电流传输比相差很大，如光电耦合器 4N25 的电流传输比≥20％，而光耦合器 4N33 的电流传输比≥500％。时间延迟是指在传输脉冲信号时，输出信号与输入信号间的延迟时间。R_2 为发光二极管限流电阻，其取值为

$$R_2 = \frac{U_{CC} - U_f - U_d}{I_f}$$

式中，U_{CC}——电源电压；

　　　U_f——发光二极管压降，取 1.5 V；

　　　U_d——驱动器低电平，取 0.5 V；

　　　I_f——发光二极管工作电流。

若取 I_f 为 10 mA，则

$$R_2 = \frac{5U_{CC} - 1.5 - 0.5}{0.01}\ \Omega = 300\ \Omega$$

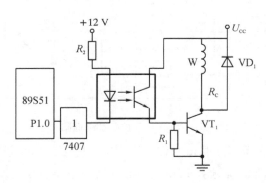

图 5 - 15　带光耦合器的步进电动机接口电路

5.2.4　PID 控制算法

　　所谓 PID 控制，就是比例(Proportional)、积分(Integral)和微分(Differential)控制，它是伺服系统中应用最广泛的一种控制器，包括比例(P)控制器、比例-微分(PD)控制器、比例-积分(PI) 控制器以及完整的 PID 控制器等几种形式。P 的作用是增加开环增益，降低系统稳态误差，增加系统通频带，但是会使系统变得不稳定。I 的作用是使系统增加一阶纯积分，从而提高系统的一个无静差度，但是会使系统的相位裕量减少，系统稳定性变差。D的作用是给系统提供阻尼，增加稳定性，但同时增加了高频增益，使系统中的高频噪声放大，影响了系统正常工作。本小节主要介绍 PID 控制器调节规律与实现中的有关问题。

1. 模拟 PID 控制器及其调节规律的数字化

　　对于实际的物理系统，其被控对象通常都有储能元件，这就造成系统对输入作用的响应有一定的惯性。另外，在能量和信息传输的过程中，由于管道和传输等原因会引入一些

时间上的滞后，这往往导致系统的响应变差，甚至不稳定。因此，为了改善系统的调节品质，通常会在系统中引入偏差的比例调节，以保证系统的快速性；引入偏差的积分调节，以提高控制精度；引入偏差的微分调节，来消除系统惯性的影响，这就形成了按偏差调节的系统，控制系统框图如图 5 - 16 所示，其控制规律为

$$u(t) = K_{\mathrm{P}}\Big[e(t) + \frac{1}{T_{\mathrm{I}}}\int e(t)\mathrm{d}t + T_{\mathrm{D}}\frac{\mathrm{d}e(t)}{\mathrm{d}t}\Big] \tag{5-1}$$

式中，$u(t)$——控制量；

$\quad\quad e(t)$——系统的控制偏差；

$\quad\quad K_{\mathrm{P}}$——比例增益，$K_{\mathrm{P}}$ 与比例带 δ 呈倒数关系，即 $K_{\mathrm{P}} = 1/\delta$；

$\quad\quad T_{\mathrm{I}}$——积分时间；

$\quad\quad T_{\mathrm{D}}$——微分时间。

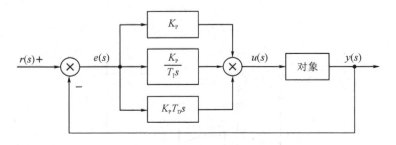

图 5 - 16　PID 控制系统框图

模拟 PID 调节器的调节规律是由硬件来实现的。在计算机控制系统中，调节算法一般用软件来实现，由于编程的灵活性，PID 控制器的调节功能变得更加丰富和完善。

在计算机控制系统中，为实现 PID 调节算法，应对微分方程式(5-1)离散化；最常见的方法是对应于 $t = kT$（其中 T 为采样周期）采样时刻取控制量 $u(k)$，即

$$u(k) = K_{\mathrm{P}}\Big\{e(t) + \frac{T}{T_{\mathrm{I}}}\sum_{j=0}^{k}e(t) + \frac{T_{\mathrm{D}}}{T}[e(k) - e(k-1)]\Big\} \tag{5-2}$$

如果采样周期 T 取得足够小，这种逼近就会相当准确，被控制的过程与连续过程将十分接近，称为"准连续控制"。

式(5-2)提供了执行机构位置 $u(k)$（如阀门开度）的算法，称为位置式的 PID 控制算法。当执行机构需要的不是控制量的绝对值，而是其增量（如驱动步进电动机）时，可由式(5-2)导出增量式控制算法：

$\Delta u(k) = u(k) - u(k-1)$

$$= K_{\mathrm{P}}\Big\{[e(k) - e(k-1)] + \frac{T}{T_{\mathrm{I}}}e(k) + \frac{T_{\mathrm{D}}}{T}[e(k) - 2e(k-1) + e(k-2)]\Big\} \tag{5-3}$$

或

$$\Delta u(k) = Ae(k) - Be(k-1) + Ce(k-2) \tag{5-4}$$

式中，

$$A = K_P \left[1 + \frac{T}{T_I} + \frac{T_D}{T} \right]$$

$$B = K_P \left[1 + 2 \cdot \frac{T_D}{T} \right]$$

$$C = K_P \cdot \frac{T_D}{T}$$

这种算法称为增量式 PID 控制算法。

增量式 PID 控制算法较之于位置式 PID 控制算法，有下列优点：

（1）位置式 PID 控制算法的输出量与整个过去状态有关，计算公式中要用到偏差 $e(k)$ 的累加值，容易产生较大的累计误差，而且也需占用较多的存储单元，不便于计算机编程。增量式 PID 控制算法的输出量只与三个采样值有关，计算误差或精度不足对控制量的计算影响较小。

（2）当控制方式从手动切换到自动时，增量式 PID 调节易于实现无冲击切换。另外，在计算机发生故障时，由于执行装置本身有"寄存"作用，故增量控制可使它保持原位。

在实际工程中，增量式 PID 算法比位置式 PID 算法应用广泛得多。

PID 计算程序可根据精度要求和计算速度选择定点计算或浮点计算。定点计算程序简单，运算速度快，但精度有限。浮点计算适应范围宽，精度高，但程序复杂，运算速度慢。

在单片机控制系统中，既要考虑控制器的计算精度，又要考虑系统的实时性、通用性。这里给出一种较为实用的两字节定点 PID 计算方法，精度较高，程序又比较简单，总长为16 位。图 5-17 给出了 PID 计算程序框图和内存分配。图 5-18 给出了两字节定点数格式。为使编程方便，设

$$\Delta e(k) = e(k) - e(k-1)$$

$$\Delta^2 e(k) = \Delta e(k) - \Delta e(k-1) = e(k) - 2e(k) + e(k-1)$$

化简，有

$$\Delta u(k) = \left[\Delta e(k) + \frac{T}{T_I} e(k) + \frac{T_D}{T} \Delta^2 e(k) \right] \tag{5-5}$$

调用程序前，将设定值 $x(k)$ 和测量值 $y(k)$ 以两字节定点数格式分别存于 4CH、4DH 和 46H、47H 中。

2. 控制器的几种改进形式

1）带有死区的 PID 算法

在计算机控制系统中，某些系统为了避免控制动作过于频繁，消除由于频繁动作所引起的系统振荡和设备磨损，对一些精度要求不太高的场合，采用带有死区的 PID 控制。

先人为设置控制不灵敏区 e_0，当偏差 $|e(k)| < e_0$ 时，$\Delta u(k)$ 取 0，控制器输出保持不变；当 $|e(k)| \geqslant e_0$ 时，$\Delta u(k)$ 以 PID 规律参与控制，控制算法可表示为

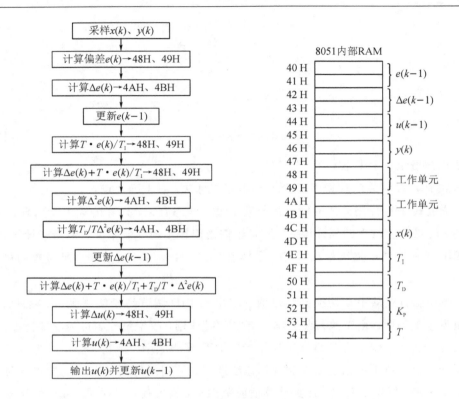

图 5 - 17　PID 程序框图及内存分配

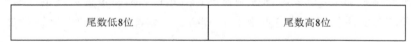

图 5 - 18　两字节定点数格式

$$
\begin{cases}
\Delta u(k) = 0, \ |e(k)| < e_0 \\
K_P\left\{\left[e(k) - e(k-1)\right] + \dfrac{T_D}{T}\left[e(k) - 2e(k-1) + e(k-2)\right]\right\}, \ |e(k)| \geqslant e_0
\end{cases}
$$

2) 积分分离的 PID 算法

在普通的数字控制器中引入积分环节，主要是为了消除静差，提高控制精度；但在过程的启动、停车或大幅度改变给定值时，由于在短时间内会产生很大的偏差，会发生严重的积分饱和现象，以致造成很大的超调和长时间的振荡。这是某些生产过程所不允许的。为了克服这个缺点，可采用积分分离的 PID 算法，即在被控制量开始跟踪时，取消积分作用；而当被控制量接近给定值时，才将积分作用投入以消除静差。其控制算法可改写为

$$
\Delta u(k) =
$$

$$
\begin{cases}
K_P\left\{e(k) - e(k-1) + \dfrac{T_D}{T}\left[e(k) - 2e(k-1) + e(k-2)\right]\right\}, \ |e(k)| \geqslant \varepsilon \\
K_P\left\{e(k) - e(k-1) + \dfrac{T}{T_I}e(k) + \dfrac{T_D}{T}\left[e(k) - 2e(k-1) + e(k-2)\right]\right\}, \ |e(k)| < \varepsilon
\end{cases}
$$

其程序框图如图 5-19 所示。在单位阶跃信号的作用下,将积分分离的 PID 控制与普通 PID 控制响应曲线进行比较(见图 5-20),可以发现,积分分离的 PID 控制超调小,过渡过程时间短。

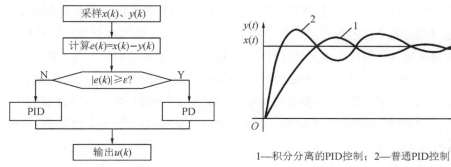

图 5-19　积分分离的 PID 算法的程序框图

图 5-20　积分分离的 PID 控制与普通
PID 控制响应曲线的比较

5.3　PLC 控制系统设计

5.3.1　PLC 结构

可编程序控制器(Programmable Logic Controller,PLC)是在继电器控制和计算机控制的基础上开发出来的,并逐渐发展成以微处理器为核心,把自动化技术、计算机技术、通信技术融为一体的新型工业自动控制装置。早期的 PLC 只能进行逻辑控制,现在市场上的 PLC 都采用了微型机的 CPU,使得 PLC 不仅能进行简单的逻辑控制,还能完成模拟量控制、数值控制、过程监控和通信联网等功能。PLC 系统框图如图 5-21 所示。

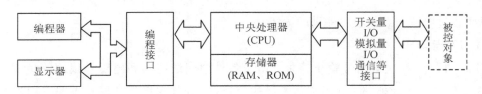

图 5-21　PLC 系统框图

中央处理器(CPU)是 PLC 的核心。一般中型的 PLC 都有 2 个 CPU,即字处理器和位处理器。字处理器以字为单位进行信息的加工和存储,这是和其他微处理器不同之处;位处理器是用专用芯片设计而成的,主要用于处理位操作以及将梯形图等 PLC 编程语言转换为机器语言。PLC 的处理器一般用 16 位或 32 位单片机实现。

I/O 接口模板是 PLC 与工业现场进行信号联系,并完成电平转换的桥梁。I/O 接口模板包括数字量 I/O 板、模拟量 I/O 板、通信 I/O 板和智能 I/O 板等,这些 I/O 板可分为直流(交流)型或电压(电流)型。现介绍 PLC 最常用的数字量 I/O 板和模拟量 I/O 板。

1) 数字量输入 I/O 板

数字量输入 I/O 板用于工业控制过程中的各种转换开关和限位开关等设备。数字量输入 I/O 板原理如图 5-22 所示。图 5-22 所示为 24 V 直流信号输入模板，光耦合二极管发光，光敏三极管导通。当现场开关 S 闭合时，光耦合器的发光二极管发光，光敏三极管导通，A 点有电压输入，为高电平，同时指示灯 LED 亮；反之，当现场开关 S 断开时，光耦合器的发光二极管不发光，光敏三极管截止，A 点无电压输入，为低电平。2.5 kΩ 和 1.3 kΩ 电阻分别起限流和分压的作用，光耦合器的光敏三极管的开关信息通过 150 kΩ 电阻和 22 nF 的电容滤波，形成 CPU 所需要的标准电平，接到 PLC 用户数据区，供 CPU 进行逻辑或数值运算使用。

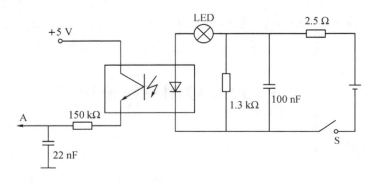

图 5-22　数字量输入 I/O 板原理

24 V 直流模板适合于工业过程中各种显示灯的驱动，模板带光耦合器，电路原理如图 5-23(a)所示。当需要产生输出时，CPU 将相应的数据输送到输出模块。当 CPU 输出高电平时，光耦合器导通，用户提供的 +24 V 电压通过功率驱动器驱动功率管，+24 V 电压加在负载上。LED 为有无负载指示灯，F820 为熔断器。稳压管 IN5352 保持电源和输出端恒压，以防止过电压导致模板和外设的损坏。

2) 数字量输出 I/O 板

图 5-23(b)是交流信号输出模板，用于各种中间继电器和电磁铁线圈等负载。它将 PLC 内部信号转换为外部工业过程所需要的信号。交流输出模板的驱动电路采用光控双向晶闸管进行驱动放大，所以交流数字量输出模块又称为晶闸管输出模块。该模块外加交流负载电源，带负载能力一般为每个输出点 1 A 左右，每个模块 4 A 左右。不同型号的交流开关量输出模块的外加交流负载电源电压和带负载能力有所不同。晶闸管输出模块为无触头输出模块，使用寿命较长。图 5-23(b)中，VD_1 为输出指示灯，R_1、R_2 为限流电阻，V 为光控双向晶闸管，A 为浪涌吸收器，F 为熔体，R_3 和 C 构成阻容吸收电路。

3) 模拟量输入 I/O 板

模拟量输入 I/O 板将外部的模拟信号(如压力和流量等)转换为 PLC 能够接收的数字

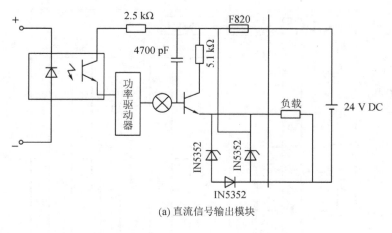

(a) 直流信号输出模块

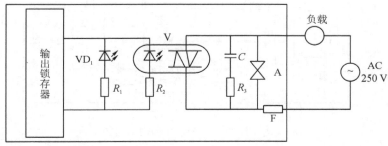

(b) 交流信号输出模块

图 5 - 23　数字量输出 I/O 板原理

信号。模板有 0～5 V、0～10 V、±10 V 和 4～20 mA 等类型，可连接各种外部传感器。模拟量输入 I/O 板将模拟信号转换为 12 位的二进制数，送到 PLC 的内部总线上。图 5 - 24 所示为日本立石公司的模拟量输入 I/O 板 CH200H - AD001 的内部结构框图。模板内部有多路选通、放大、A/D 转换器和光电耦合器等模块。模板内还有自己的 CPU、ROM 或 RAM。

4) 模拟量输出 I/O 板

模拟量输出 I/O 板将 PLC 内部的数字信号转换为外部生产过程所需要的模拟信号。模板有 0～5 V、0～10 V、±10 V、4～20 mA 等类型。图 5 - 25 是日本立石公司模拟量输出 I/O 板 CH200H - AD001 的内部结构框图。模板内部有光电耦合器、D/A 转换器和功率放大器等模块。模板内也有自己的 CPU、ROM 或 RAM。

5.3.2　PLC 的工作原理

PLC 通过 I/O 接口(开关量 I/O、模拟量 I/O、脉冲量输入口、串行口和并行口等)与被控对象连接。PLC 采用面向控制过程、面向问题的"自然语言"作为编程语言。这种语言简单、易学、易记。梯形图、语句表和控制系统流程图等是 PLC 常用的编程语言。有些 PLC

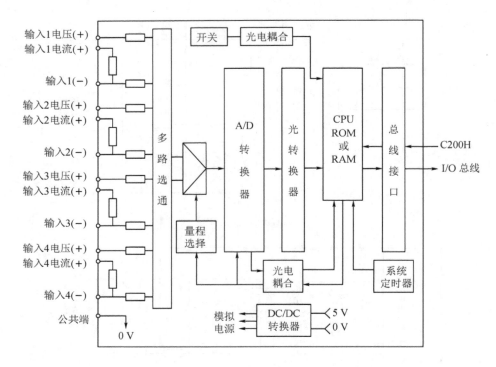

图 5 - 24　CH200H - AD001 的内部结构框图

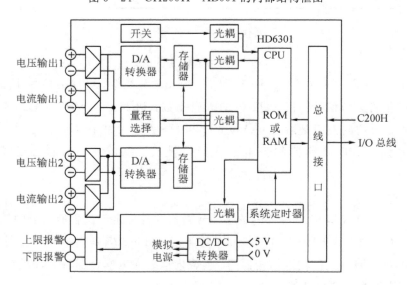

图 5 - 25　CH200H - DA001 的内部结构框图

还尝试使用高级语言编程。用户在使用 PLC 进行顺序控制时，首先应根据控制动作的顺序，画出梯形图，然后将其翻译成相应的 PLC 指令，用编程器将程序写入 PLC 的内存 RAM 中，对程序进行调试，发现错误可用编程器进行修改，直到程序调试正确无误为止。最后将程序写到 PLC 的只读存储器 EEPROM 中。PLC 投入运行后，便进入程序执行过程。在一个扫描周期内，程序执行过程分 3 个阶段：输入采样、程序执行和输出刷新。

5.3.3　PLC 控制系统的设计内容和步骤

1. PLC 控制系统设计的基本内容

一个 PLC 控制系统由信号输入器件、输出执行器件、显示器件和 PLC 构成。因此，PLC 控制系统的设计就包括这些器件的选取和连接等。

（1）选取信号输入器件、输出执行器件和显示器件等。输入信号在进入 PLC 后，可以在 PLC 内部多次重复使用，而且还可获得其常开、常闭和延时等各种形式的触头。因此，信号输入器件只要有一个触头即可。输出器件应尽量选取相同电源电压的器件，并尽可能选取工作电流较小的器件。显示器件应尽量选取 LED 器件，因为其寿命较长，而且工作电流较小。

（2）设计控制系统主回路。根据执行机构是否需要正、反向动作，是否需要高、低速，设计控制系统主回路。

（3）选取 PLC。根据输入、输出信号的数量，输入、输出信号的空间分布，程序容量的大致情况等条件选择 PLC。

（4）进行 I/O 分配。绘制 PLC 控制系统硬件原理图。

（5）程序设计及模拟调试。设计 PLC 控制程序，并利用输入信号开关板进行模拟调试，检查硬件设计是否完整、正确，软件是否满足工艺要求。

（6）设计控制柜。在控制柜中，强电和弱电控制信号应尽可能地进行隔离和屏蔽，防止强电磁干扰影响 PLC 的正常运行。

（7）编制技术文件。技术文件包括电气原理图、软件清单、使用说明书、元件明细表等。

2. PLC 控制系统的设计步骤

对控制任务的分析和软件的编制，是 PLC 控制系统设计的两个关键环节。通过对控制任务的分析，可确定 PLC 控制系统的硬件构成和软件工作过程；通过软件的编制，可实现被控对象的动作关系。PLC 控制系统设计的一般步骤如下：

（1）分析各个子任务中执行机构的动作过程。通过对各个子任务执行机构动作过程的分析，画出动作逻辑关系图，列出输入信号和输出信号，列出要实现的非逻辑功能。对于输入信号，将每个按钮、限位开关和开关式传感器等作为输入信号，占用一个输入点；接触器的辅助触头不需要输入 PLC，故不作为输入信号。对于输出信号，每个输出执行器件，如接触器、电磁阀和电铃等，均作为输出信号，占用一个输出点。对于状态显示，如果是输出执行器件的动作显示，可与输出执行器件共用输出点，不再作为新的输出信号。如果是非动作显示，如运行、停止和故障等指示，应作为输出信号，占用输出点。

（2）根据 I/O 信号的数量、要实现的非逻辑功能和 I/O 信号的空间分布情况选择 PLC。

（3）根据 PLC 型号选择信号输入器件、输出执行器件和显示器件等。

（4）进行 I/O 口的分配，绘出控制系统硬件原理图，设计控制系统主回路。

（5）利用输入信号开关板模拟现场输入信号，根据动作逻辑关系图编制 PLC 程序，进行模拟调试。

（6）制作控制柜。

（7）进行现场调试，对工作中可能出现的各种故障进行模拟，考察系统的可靠性。

（8）编制技术文件，进行控制系统现场试运行。

3．PLC 应用实例

图 5-26 所示为自动搬运机械手，用于将左工作台上的工件搬到右工作台上。机械手的全部动作由气缸驱动，气缸由电磁阀控制。

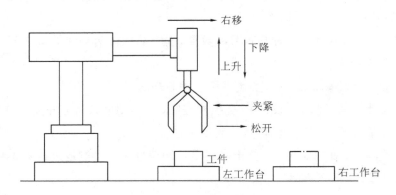

图 5-26　自动搬运机械手工作过程

1）机械手动作分析

将机械手的原点（即原始状态）定位为左位、高位、放松状态。在原始状态下，当检测到左工作台上有工件时，机械手下降到低位并夹紧工件，然后上升到高位，向右移到右位。当右工作台上无工件时，机械手下降到低位，松开工件，然后机械手上升到高位，左移回原始状态。

机械手动作过程中，上升、下降、左移、右移、夹紧和放松为输出信号。放松和夹紧共用一个线圈，线圈得电时夹紧，失电时放松。低位、高位、左位、右位、工作台上有无工件为输入信号。

2）PCL 控制系统的硬件设计

搬运机械手控制系统中共有 13 个输入信号、7 个输出信号，逻辑关系较为简单。因此，可选用 C40P 来实现该任务。假定输入信号全部采用开触头。该任务中的机械手动作及 I/O 口分配见表 5-2。

表 5-2　机械手动作及 I/O 口分配

输入信号	工位号	输出信号	工位号
高位	0000	上升	0504
低位	0001	下降	0506
左位	0008	左移	0507
右位	0003	右移	0508
工作台有工件	0004	夹紧	0509
自动	0005	手动指示	0510
手动	0006	自动指示	
手动上升	0007		
手动下降	0008		
手动左移	0009		
手动右移	0010		
手动夹紧	0011		
手动放松	0012		

图 5-27 所示为机械手 PLC 控制系统的硬件原理，发光二极管 $VD_1 \sim VD_5$ 与输出接触器 $K_1 \sim K_5$ 并联，用于动作指示。

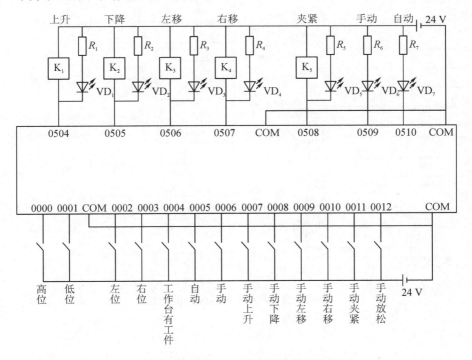

图 5-27　机械手 PLC 控制系统的硬件原理

3）PLC 控制系统的软件设计

PLC 控制系统的梯形图如图 5－28 所示。

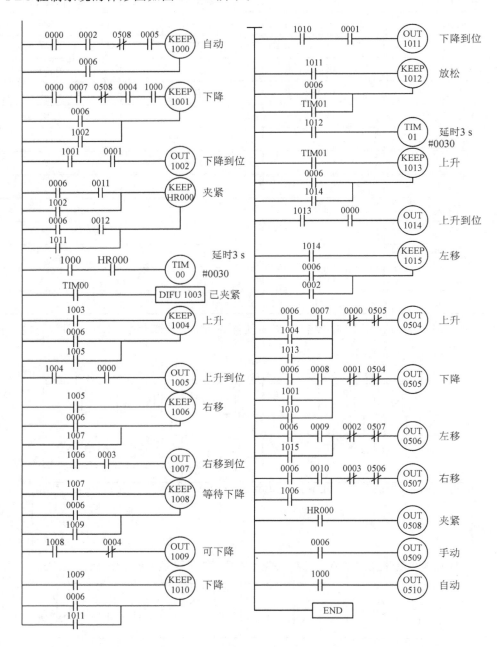

图 5－28　PLC 控制系统的梯形图

习　　题

5-1　简述控制系统的基本构成及每个组成部分的作用。

5-2　单片机接口的作用是什么？

5-3　利用 8051 定时器 1 在断口线 P1.0 处产生周期为 40 ms 的方波序列（设 $f_{osc} =$ 6 MHz）。

5-4　写出位置式 PID 和增量式 PID 的算式，指出位置式 PID 和增量式 PID 算式各自的优、缺点。

5-5　为什么有时要采用积分分离的 PID 算法？

5-6　PLC 的特点是什么？

5-7　在十字路口上设置的红、黄、绿交通信号灯的布置如题 5-1 图所示。由于东西方向的车流量较小，南北方向的车流量较大，所以南北方向的放行（绿灯亮）时间为 30 s，东西方向的放行时间（绿灯亮）为 20 s。当东西（或南北）方向的绿灯灭时，该方向的黄灯与南北（或东西）方向的红灯一起以 1 Hz 的频率闪烁 5 s，以提醒司机和行人注意。然后，立即开始另一个方向的放行。要求只用一个控制开关对系统进行启停控制。试编写梯形图程序。

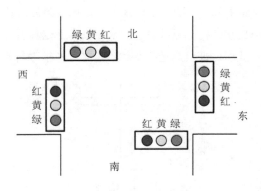

题 5-1 图

第6章　机电一体化系统设计实例

6.1　旋转超声机床的机电系统设计

旋转超声加工被广泛用于加工各种硬脆材料，是一种新型的复合加工方法，具有加工表面质量好、加工精度高、刀具磨损小等优点。本节介绍旋转超声机床的机电系统设计，这些内容可以拓展机电一体化系统的知识。

6.1.1　设计任务

旋转超声加工（RUM）是集传统金刚石磨削加工和超声加工（USM）于一体的复合加工技术，是加工硬脆材料的一种有效加工方式，加工时，刀具随主轴作高速旋转的同时沿着轴向超声频振动。材料的去除主要依靠传统超声加工和磨削加工的复合。旋转超声加工原理如图6-1所示。旋转超声加工具有加工精度高、切削力小以及加工表面质量好等优点，是加工硬脆材料比较理想的方法。设计旋转超声机床的机电系统时，要求在机床上选择合适的控制器和驱动器，并对控制电路进行设计与安装，从而保证机床运行平稳，还需对各轴进行运动精度检测。

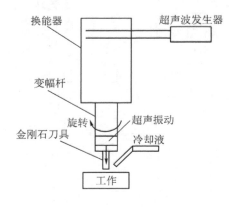

图6-1　旋转超声加工原理

6.1.2　旋转超声机床机电系统设计的内容

1. 整体设计

旋转超声机床整体设计包括旋转超声机床本体、多轴联动电控系统、超声振动系统、切削液系统等的设计。

机床本体包括四个轴、工作台支架、机床外罩和机床底座。四个轴即旋转轴加上水平两轴和垂直运动一轴,其中旋转轴采用步进电机控制,其余三轴均采用交流伺服电机连接丝杠带动工作台移动的方式;水平两轴和垂直运动轴均安装有正、负、零限位,保证轴的往复运动行程安全及准确回零,同时三轴均安装了光栅尺,其精度为 1000 pulse/mm,以保证工作台的位置反馈和精确运动。垂直运动轴的工作台上安装有机床主轴系统,质量约为 50 kg,故其电机带有抱闸功能,以保证其滑台在电机非使能状态下不下滑。工作台支架用 20 mm 厚的钢板焊接,其顶端安装有高精度三角卡盘,用于工件的夹持,总高度为 600 mm,以保证工件具有足够的高度与主轴刀具接触。机床外罩固定于机床底座上,分为上、下两部分。上半部分包括背板、左右侧板和前面板,其中左右侧板分别装有一扇可拉开的旋转门,以方便维修及查看机床;前面板装有滑槽和两扇可装卸的推拉玻璃门,可方便在机床加工时观察工作情况,机床检修时可卸下;四板相互连接,与机床连接处均涂有防水胶,防止切削液的泄漏。下半部分包括左、右、前三块板,机床后方下半部分无遮挡,可方便切削液回路的布设。机床底座承受整座机床的质量,四角均有高度调节滑槽及固定螺钉,以保证机床在固定安装后其台面的水平度。

2. 多轴联动电控系统

多轴联动电控系统包括控制器、四个轴及主轴电机驱动器、24 V 开关电源、光耦电路板、继电器和保险丝。控制器以 ACR9000 为核心,采用全闭环回路、速度控制模式;ACR9000 控制器型号为 P3U8M0,可以用 USB 口、串口、以太网口作为通信接口,具有八轴联动功能、程序及配置掉电保持功能。控制器在引进水平两轴和垂直运动轴三轴光栅尺信号的同时,引进了三轴电机的编码器信号,以方便查看电机的运行状态;同时,在其开关量输入接口接入了三轴的正、负、零开关信号,以设置软件限位和软件零位。主轴电机只有编码器反馈信号,采用位置控制模式。水平两轴和垂直运动轴限位信号与控制器接口均采用光耦隔离的方式连接。

3. 超声振动系统

超声振动系统由超声波发生器、变频电源、超声头、滑环及电刷组成,其中超声头与滑环及电刷安装在机床的主轴系统内,超声波发生器和变频电源则外置。

超声头安装于主轴系统的滚筒内,滑环以平键与滚筒连接,电刷安装在主轴系统的底板上,其碳刷与滑环切向接触,为超声头中的陶瓷换能器供电。其中超声主轴变幅杆是旋转超声加工中的核心部件,其性能直接影响到加工质量、加工效率和超声主轴的寿命。超声主轴变幅杆的设计需要从实际条件和实际需求出发,利用解析法确定变幅杆的大致尺寸及装配尺寸,在此基础上利用有限元方法对该装配进行模态分析验证。

6.2　波轮式全自动洗衣机机电系统设计

随着经济的发展，各种各样的现代家用电器已经进入了千家万户，与此同时家用电器的机电一体化设计技术也在迅速发展。本节通过波轮式全自动洗衣机的设计，系统介绍洗衣机的机电系统结构及其设计过程。

6.2.1　设计任务

本节设计一种波轮式全自动洗衣机的机电系统，要求最大洗衣重量为 3.8 kg，内桶直径为 $\phi400$ mm，洗衣转速约为 $140\sim200$ rad/min，脱水转速约为 $700\sim800$ rad/min；要求洗衣机具有自动调节水位、根据衣服种类设定洗涤模式、自动进水、排水和自动脱水等功能。

6.2.2　总体结构

目前在我国生产的洗衣机中，波轮式洗衣机占了 80% 以上。

一般来说，波轮式全自动洗衣机具有洗涤、脱水、水位自动控制以及根据不同衣物选择洗涤方式和时间等基本功能，其结构主要由洗涤和脱水系统、进/排水系统、电动机和传动系统、电气控制系统、支承机构等五大部分组成。波轮式全自动洗衣机多采用套筒式结构，波轮装在内桶的底部，内桶为带有加强筋和均布小孔的网状结构，并可绕轴旋转。外桶弹性悬挂于机箱外壳上，主要用于盛水，并配有一套进水和排水系统，用两个电磁阀控制洗衣机的进/排水动作。外桶的底部装有电动机、减速离合器以及传动机构、排水电磁阀等部件。动力和传动系统能提供两种转速，低速用于洗涤和漂洗，高速用于脱水，通过减速离合器来实现两种转速的切换。

6.2.3　进/排水系统

波轮式全自动洗衣机的进/排水系统主要由水位开关和进水电磁阀、排水电磁阀等组成。

1. 水位开关

水位开关又称压力开关。洗衣机洗涤桶进水时的水位和洗涤桶排水时的状况是由压力开关检测的。当洗衣机工作在洗涤或漂洗程序时，若桶内无水或水量不够，压力开关就发出供水信号；当水位达到人为设定水位时，压力开关将发出关闭水源信号。洗衣机工作在排水程序时，若排水系统有故障，水位开关则发出排水系统受阻信号。

1）结构

波轮式全自动洗衣机上使用最多的水位开关是空气压力式的，其结构如图 6-2 所示。

这类压力开关按其功能可大致分为气压传感装置、控制装置及触点开关三部分。

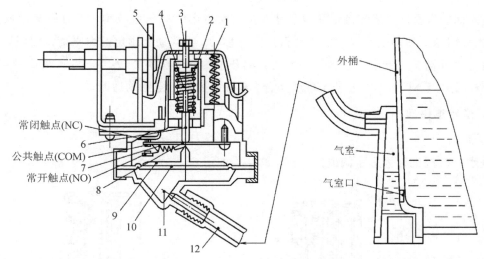

常闭触点(NC)
公共触点(COM)
常开触点(NO)

1—杠杆；2—导套；3—调压螺钉；4—压力弹簧；5—凸轮；6—顶芯；7—开关小弹簧；
8—动簧片；9—塑料盘；10—橡胶膜；11—气室；12—压力软管

图 6-2　水位开关结构及其水压传递系统

气压传感装置由气室 11、橡胶膜 10、塑料盘 9、顶芯 6 等组成；控制装置由压力弹簧 4、导套 2、调压螺钉 3、杠杆 1 和凸轮 5 等组成；触点开关由动簧片 8、开关小弹簧 7、动静触点组成，其中公共触点 COM 和常闭触点 NC 组成动断触点，公共触点 COM 和常开触点 NO 组成动合触点。动簧片是由铍青铜板制成的，其结构如图 6-3 所示。在内动簧片和外动簧片的 a、b 点安装一个小弹簧，即图 6-2 中的开关小弹簧，c 点为内动簧片的力驱动点，位于顶芯和塑料盘的轴心线上。

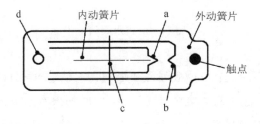

图 6-3　动簧片结构

2）工作原理

水位开关的工作原理是：当水注入内桶时，气室很快被封闭，随着水位的上升，封闭在气室内的空气压力也不断提高，压力经软管 12 传到水位开关气室 11，水位开关气室 11 内的空气压力向上推动橡胶膜 10 和塑料盘 9，推动动簧片 8 中的内动簧片向上移动，压力弹簧 4 被压缩。当注水到了选定水位时，内动簧片移动到预定的力平衡位置，开关小弹簧 7

将拉动外动簧片，并产生一个向下的推力，使开关的常闭触点 NC 与公共触点 COM 迅速断开，常开触点 NO 与公共触点 COM 闭合，从而发出关闭水源信号。

排水时，当水位下降到规定的复位水位时，水位产生的压力减小，压力弹簧 4 恢复伸长，推动顶芯 6，使动簧片 8 中的内动簧片向下移动，当移动到预定的力平衡位置时，开关小弹簧 7 对外动簧片产生一个向上的推力，使开关的常开触点 NO 与公共触点 COM 迅速断开，常闭触点 NC 与公共触点 COM 闭合，从而改变控制电路的通断。

2. 进水电磁阀

1）结构

进水电磁阀也称为进水阀或注水阀，其结构如图 6-4 所示。

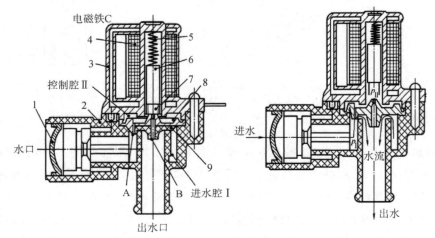

1—金属过滤网；2—阀座；3—导磁铁框；4—线圈；5—小弹簧；6—铁芯；
7—小橡胶塞；8—塑料盘；9—橡胶阀

(a) 断电关闭　　　　　　　　　　　(b) 通电开启

图 6-4　进水阀结构

2）工作原理

进水电磁阀的工作原理是：电磁阀线圈 4 断电时，铁芯 6 在自重和小弹簧 5 的作用下下压，使铁芯 6 下端的小橡胶塞 7 堵住泄压孔 B，此时如果有水进入进水腔 I，水便由加压孔 A 进入控制腔 II，使控制腔 II 内的水压逐渐增大，最终使橡胶阀 9 紧压在出水管的上端口上，将阀关闭。同时，因铁芯 6 上面空间与控制腔 II 相通，控制腔 II 内水压的增大还会使铁芯 6 上面空间的气体压强增大，导致橡胶阀 9 更紧地压在泄压孔 B 上，增加了阀关闭的可靠性。

当进水电磁阀线圈 4 通电后，产生的电磁吸力将铁芯 6 向上吸起，泄压孔 B 被打开。控制腔 II 内的水迅速从泄压孔 B 中流入出水管，同时经加压孔 A 流入控制腔 II 的水又进行补充。但由于加压孔 A 比泄压孔 B 小，使控制腔 II 内的压力迅速下降。当控制腔 II 中的水压降到低于进水腔 I 的水压时，橡胶阀 9 被进水腔 I 中的水向上推开，水从进水腔 I 直接进入出水管，进而流入盛水桶。水到位后，由水位开关切断进水电磁阀线圈 4 的电源，进水阀重新关闭。

3. 排水电磁阀

排水电磁阀由电磁铁与排水阀组成，如图 6-5 所示。电磁铁和排水阀是两个独立的部件，两者之间以电磁铁拉杆连接起来。

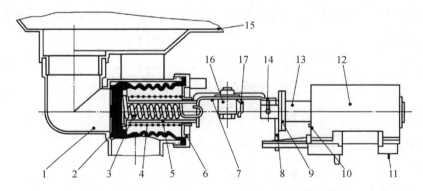

1—排水阀座；2—橡胶阀；3—内弹簧；4—外弹簧；5—导套；6—阀盖；7—电磁铁拉杆；
8—销钉；9—基板(铁垫圈)；10—微动开关压钮；11—引线端子；12—排水电磁阀；13—衔铁；
14—开口销；15—外桶；16—挡套；17—刹车扭簧伸出端

图 6-5　排水阀的结构与电磁铁的装配关系

1）结构

排水阀是由排水阀座 1、橡胶阀 2、内外弹簧 3 与 4、导套 5 和阀盖 6 等组成的。排水阀门采用橡胶材料制成，内有一个由硬质塑料制作的导套 5。导套 5 内装有内弹簧 3，弹簧一端卡在导套左边槽口，另一端钩挂在电磁铁拉杆 7 上，处于拉紧状态。在导套 5 外装有一个外弹簧 4，该弹簧的刚度比内弹簧 3 小，它的一端与阀盖 6 接触，另一端与导套 5 的基座接触，处在压缩变形状态。

电磁铁有交流和直流两种，机械式全自动洗衣机一般采用交流电磁铁，而电脑控制式全自动洗衣机一般采用直流电磁铁。

2）工作原理

排水电磁阀的工作原理如下：

洗衣机处在进水和洗涤状态时，排水阀处于关闭状态。此时主要由外弹簧 4 把橡胶阀 2 紧压在排水阀座 1 的底部。

排水时，排水电磁铁通电工作，衔铁 13 被吸入，牵动电磁铁拉杆 7。由于拉杆 7 发生位移，在它上面的挡套 16 拨动制动装置的刹车扭簧伸出端，使制动装置处于非制动状态(脱水状态)。同时，随着拉杆 7 的左端离开导套 5，外弹簧 4 被内弹簧 3 的拉力压缩，使排水阀门打开。正常排水时，橡胶阀门 2 离开排水阀座 1 密封面的距离应不小于 8 mm，排水电磁铁的牵引力约为 40 N。

6.2.4　传动系统的结构及其工作原理

传动系统主要由电动机、减速离合器组成。套桶式全自动洗衣机使用一台电动机来完成洗涤和脱水工作，洗涤时波轮转速较低（一般为 140～200 rad/min），而脱水时脱水桶转速较高（约为 700～800 rad/min）；因此要对电动机 1370 rad/min 的输出转速进行减速处理，以适应两项工作的不同要求，这主要由洗衣机的传动系统来完成。传动系统的工作示意图如图 6-6 所示。

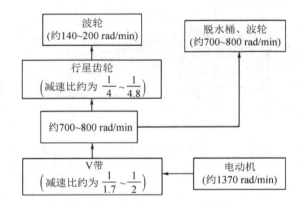

图 6-6　套桶式全自动洗衣机传动系统的工作示意图

1. 电动机的技术参数

电动机是整个洗衣机工作时的动力来源。我国现阶段生产的套桶式全自动洗衣机大多采用的是电容运转式电动机，遵循中华人民共和国机械行业标准 JB/T 3758—2011《家用洗衣机用电动机通用技术条件》。

2. 减速离合器的结构和工作原理

1）结构

新型大波轮全自动洗衣机的离合器都具有洗涤减速功能，称为减速离合器，其种类很多，但主要结构和工作原理基本相同。目前应用最为广泛的有两种：单向轴承式减速离合器、带制动式减速离合器。

2）工作原理

减速离合器的工作原理可分为以下几种情况：

（1）脱水状态。

减速离合器脱水时的状态及装配关系如图 6-7 所示，脱水状态下，排水电磁铁通电吸合，牵引拉杆移动约 13 mm，使排水阀开启。拉杆在带动阀门开启的同时，一方面拨动旋松刹车弹簧，使其松开刹车装置外罩，这时刹车盘随脱水轴一起转动，刹车不起作用；另一方面又推动拨叉旋转，致使棘爪脱开棘轮，棘轮被放松，方丝离合弹簧在自身的作用力下回到自由旋紧状态，这时也就抱紧了离合套。带轮 1 在脱水时是顺时针旋转的，由于摩擦力的作用，方丝离合弹簧将会越抱越紧。这样脱水轴就和离合套连在一起，跟随带轮一起作高速运转。由于此时脱水轴作顺时针运动，和单向滚针轴承的运动方向一致，因此单向滚针轴承对它的运动无限制。由于脱水轴通过锁紧块与法兰盘 9 连接，而内桶 12 与行星减速器 10 均固定在法兰盘上，所以脱水轴带动内桶以及减速器内齿圈的转速与输入轴带动减速器中心轮的转速相同，这样致使行星轮无法自转而只能公转，从而行星架的转速与脱水轴是一样的，即波轮与脱水桶以等速旋转，保证了脱水桶内的衣物不会发生拉伤。

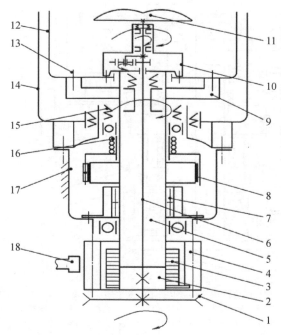

1—带轮；2—离合套；3—方丝离合弹簧；4—棘轮；5—脱水轴；6—输入轴；
7—单向滚针轴承；8—刹车装置；9—法兰盘；10—减速器；11—波轮；12—内桶；
13—紧固螺钉；14—外桶；15—密封圈；16—刹车扭簧；17—离合器外罩；18—棘爪

图 6-7　减速离合器脱水时的状态及装配关系

脱水状态下的传动路线是：电机→小带轮→大带轮→输入轴→离合套→方丝离合弹簧→脱水轴→法兰盘→内桶。由于电机输出转速只经带轮一级减速，所以内桶转速较高。

（2）洗涤状态。

如图 6-8 所示，洗涤状态下，排水电磁铁断电，排水阀关闭，拉杆复位。这时刹车扭簧 16 被恢复到自然旋紧状态，扭簧抱紧刹车装置外罩，刹车装置 8 起作用；同时拨叉回转复位，棘爪 18 伸入棘轮 4，将棘轮拨过一个角度，方丝离合弹簧 3 被旋松，其下端与离合套

2脱离，这时离合套只是随输入轴空转。带轮1带动输入轴6转动，经行星减速器减速后，带动波轮轴11转动，实现洗涤功能。输入轴至波轮轴的传动称为二级减速，其工作过程为：输入轴通过中心轮驱动行星轮，行星轮既绕自己的轴自转，又沿着内齿圈绕输入轴公转。因为行星轮固定在行星架上，所以行星轮的公转也将带动行星架转动；行星架以花键孔与波轮轴下端的花键相连接，带动波轮轴和波轮转动。

　　洗涤状态下的传动路线是：电机→小带轮→大带轮→输入轴→中心轮→行星轮→行星架→波轮轴→波轮。

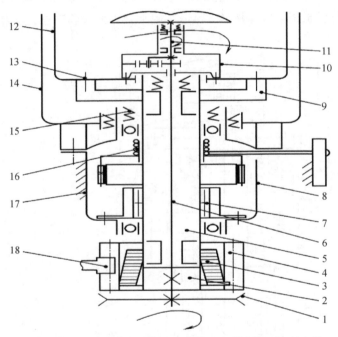

1—带轮；2—离合套；3—方丝离合弹簧；4—棘轮；5—脱水轴；6—输入轴；7—单向滚针轴承；
8—刹车装置；9—法兰盘；10—减速器；11—波轮轴；12—内桶；13—紧固螺钉；14—外桶；
15—密封圈；16—刹车扭簧；17—离合器外罩；18—棘爪

图 6-8　洗涤状态下的工作示意图

（3）内桶跟转现象的解决。

　　洗涤时防止内桶出现跟转是设计中一个非常重要的问题。洗涤时，波轮将传动力矩传递给水和洗涤物，而转动的水和洗涤物又将转矩传递给内桶。因此，内桶如果不固定或固定不可靠，就要随之转动，这就是跟转现象。洗涤时内桶跟转现象将减弱洗涤效果并且对洗衣机不利，所以要防止内桶出现跟转。因为内桶和脱水轴是连成一体的，所以只要将脱水轴可靠固定，就可使内桶不跟转。为此，除了刹车装置外，在脱水轴上还安装有单向滚针轴承。

　　当波轮逆时针方向旋转时，内桶有逆时针方向跟转的倾向，这时与内桶成一体的脱水轴被单向滚针轴承卡住，不能转动，所以内桶也就不能转动。但在波轮顺时针方向转动时，单向滚针轴承允转方向与之一致，所以对脱水桶没有制动作用。

当波轮顺时针方向旋转时，内桶有顺时针方向跟转的倾向，这时自然状态的刹车扭簧将被旋紧，紧紧抱住刹车装置外罩的轴端，相互之间产生足够的摩擦力使两者成为一个整体。刹车装置外罩的顺时针旋转摩擦力将刹车带拉紧，刹车带对刹车盘转动产生摩擦阻力，这样就阻止了内桶跟转。刹车装置工作原理如图 6-9 所示。

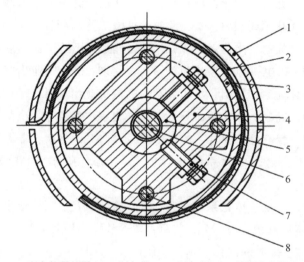

1—刹车装置外罩；2—刹车带；3—刹车盘；4—锁紧十字轴套；
5—脱水轴；6—输入轴；7—紧定螺栓；8—螺栓

图 6-9　刹车装置工作原理

综上所述，当波轮逆时针转动时，可依靠单向滚针轴承来防止内桶跟转；当波轮顺时针方向转动时，可依靠刹车装置来防止内桶跟转。

脱水过程中若突然打开洗衣机上盖，排水电磁铁将失电，方丝离合弹簧恢复到洗涤状态；由于脱水是顺时针旋转的，刹车扭簧将抱紧，刹车装置起作用，刹车带将使内桶迅速制动。

习　　题

6-1　旋转超声机床由哪几部分组成？

6-2　超声振动系统由哪几部分组成？

6-3　洗衣机洗涤过程的传动路线是什么？

参 考 文 献

[1]　葛宜元，魏天路. 机电一体化系统设计[M]. 北京：机械工业出版社，2020.

[2]　杨俊伟. 机电一体化系统设计[M]. 北京：机械工业出版社，2020.

[3]　姜培刚，盖玉先. 机电一体化系统设计[M]. 北京：机械工业出版社，2017.

[4]　魏天路，倪依纯. 机电一体化系统设计[M]. 北京：机械工业出版社，2018.

[5]　芮延年. 机电一体化系统设计[M]. 北京：机械工业出版社，2014.

[6]　王裕清，张业明. 机电一体化系统设计[M]. 北京：中国电力出版社，2015.

[7]　丁金华，王学俊，魏鸿磊. 机电一体化系统设计[M]. 北京：清华大学出版社，2019.

[8]　张立勋，杨勇. 机电一体化系统设计[M]. 3版. 哈尔滨：哈尔滨工业大学出版
社，2012.

[9]　宋现春，于复生. 机电一体化系统设计[M]. 哈尔滨：中国计量出版社，2010.

[10]　曾励. 机电一体化系统设计[M]. 北京：高等教育出版社，2010.

[11]　龚仲华，杨红霞. 机电一体化技术与系统. [M]. 北京：人民邮电出版社，2017.

[12]　冯浩. 机电一体化系统设计[M]. 2版. 武汉：华中科技大学出版社，2016.

[13]　冯细香. 机电一体化系统设计[M]. 北京：机械工业出版社，2018.

[14]　芮延年. 机电一体化概论[M]. 2版. 北京：人民邮电出版社，2013.

[15]　邱士安. 机电一体化系统设计[M]. 西安：西安科技大学出版社，2018.

[16]　杨普国. 机电一体化系统应用技术[M]. 北京：冶金工业出版社，2011.

[17]　DEVDAS SHETTY, RICHARD A KOLK. 机电一体化系统设计[M]. 北京：机械
工业出版社，2016.

[18]　张建民. 机电一体化系统设计[M]. 4版. 北京：高等教育出版社，2014.

[19]　王立权. 机电控制与可编程控制器技术[M]. 北京：高等教育出版社，2018.

[20]　张秋菊，王金娥，訾斌. 机电一体化系统设计[M]. 北京：科学出版社，2018.

[21]　孙卫清，李建勇. 机电一体化系统设计[M]. 2版. 北京：科学出版社，2015.

[22]　薛惠芳，郑海明. 机电一体化系统设计[M]. 北京：中国质检出版社，2012.

[23]　俞竹青，朱目成. 机电一体化系统设计[M]. 2版. 哈尔滨：电子工业出版社，2016.

[24]　赵再军. 机电一体化概论[M]. 杭州：浙江大学出版社，2019.